双書⑩・大数学者の数学

関 孝和
算聖の数学思潮

小寺 裕

現代数学社

関 孝和（？-1708）：一関市博物館 所蔵

序文

関孝和 (?〜1708) が和算を代表する算師であることは世界的にも認められているといってよい．この双書〈大数学者の数学〉に加えられていることが，何よりの証拠である．関孝和は算聖とまでいわれた人物であるが，詳細はよくわかっていない．通称新助，字は子豹，自由亭と号す．山内永明の第 2 子で，関家を継ぐ．甲府宰相綱重，綱豊に仕え，勘定吟味役となる．綱豊が 6 代将軍家宣になると，孝和も幕府直属の御納戸組頭となる．宝永 5 年没．関については，参考文献に示したように多くの研究があるので詳しくはそちらを参照していただきたい．関孝和や和算は知っているが，具体的内容については知らないという方が多いので，本書では数学的内容を平易に紹介することに努める．

関の著作と伝えられるものは『関孝和全集』によると次のようなものである．

1 規矩要明算法
2 闕疑抄答術
3 勿憚改一百問ノ答術
4 発微算法 (1674)
5 解見題之法
6 解隠題之法 (1685)
7 解伏題之法 (1683)
8 開方翻変之法 (1685)
9 題術辨議之法 (1865)
10 病題明致之法 (1685)
11 方陣之法・円攅之法 (1683)
12 算脱之法・験符之法 (1683)
13 求積

14 毬闕変形草
15 開方算式
16 括要算法 (1712)
17 八法略訣 (1860)
18 授時発明 (1680)
19 授時暦経立成之法 (1681)
20 授時暦経立成
21 関訂書 (1686)
22 四余算書 (1697)
23 宿曜算法
24 天文数学雑著 (1699)

5〜7の3書は「三部抄」，8〜14の7書は「七部抄」と呼ばれている．このうち刊本は『発微算法』と『括要算法』の2つだけであるので，本書ではこの2冊を中心に話す．なお上記以外に関流算書として重要なものに『大成算経』がある．これは関孝和とその弟子建部賢弘，建部賢明の3人によって28年かけて編纂された，全20巻からなる和算全集である．『大成算経』が完成したのは関の没後2年たった宝永7年(1710)であった．

関の数学を理解するためには，和算一般についての知識も必要である．そこで本書では関の数学と，その周辺にある和算について詳しく解説した．関に源を発する和算をお楽しみいただければ，筆者としてこれに勝る喜びはない．
さあ,《関孝和ワールド》へ御案内しよう！

小寺　裕(二代目福田理軒)

目 次

1 **発微算法から** 5
  1.1 第1問 5
  1.2 第3問 8

2 **解伏題之法から** 12
  2.1 生尅第五 12
  2.2 和漢算法の演段 16

3 **研幾算法から** 18
  3.1 第3問 18
  3.2 算法貫通術 24
  3.3 和算における余弦定理・正弦定理 . . 62

4 **括要算法から** 66
  4.1 剰一術 66
  4.2 円周率 73
    4.2.1 増約術 78
    4.2.2 関の検証 79
    4.2.3 関の論理 79
    4.2.4 建部賢弘の算法 81
    4.2.5 建部の検証 83
    4.2.6 建部の論理 85
    4.2.7 増約術の精度 86
    4.2.8 宅間流の円周率 87
  4.3 Bernoulli 数 91
    4.3.1 巻元の内容 91
    4.3.2 累裁招差法 93
    4.3.3 取数 96

4.4 角術 99
4.4.1 五角形 99
4.4.2 十九角形 100
4.4.3 二十角形 109
4.5 角中径の応用 112
4.6 和算におけるヘロンの公式 138

5 十字環問題   140
5.1 参両録 140
5.2 遺題継承 141
5.3 十字環真術から 143
5.4 算法求積通考から 150
5.5 数値比較 155

参考文献   157

付録   159

A 円理乾坤之巻   159

B 円周率の級数展開   161
B.1 其一 161
B.2 其二 164
B.3 其三 165

C 交商式   167

D 十字環問題補足   168

1 発微算法から

『発微算法』は関孝和が1674年に出版した刊本である．1685年に弟子の建部賢弘がその解説書として『発微算法演段諺解』(以下『演段諺解』) を出版している．『発微算法』は沢口一之『古今算法記』(1671) の遺題15問を解いたものであるが，問題と術文 (答を得るための algorithm) しか書かれてないので，建部がその詳しい解法 (演段) を書いたのである．『古今算法記』は佐藤正興の『算法根源記』(1669) の遺題を天元術を用いて解説したものである．天元術では未知数が一つで，数値係数の高次方程式しか解けない．しかし『古今算法記』の遺題は天元術では解けないものばかりであった．いずれの算題も未知数が複数の高次方程式になり，一筋縄ではいかない．多くの和算家が『古今算法記』の遺題に解答したが，関が一番最初であった．その方法は傍書法とよばれるもので，文字式による整式の記述が可能となったのである．ここでは『発微算法』の第1問と第3問を『演段諺解』をもとに解説しよう．

1.1 第1問

原文：
今有平円内如図平円空三箇．外余寸平積百二十歩．只云従中円径寸而小円径寸者短五寸．問大中小円径幾何．
題意：
図のように大円に中円と小円2個が内接している．小径は中径より5寸短い，大円から中円と小円2個を除いた面積 (図の影をつけた部分) が120歩であるとき，大，中，小径を求めよ．

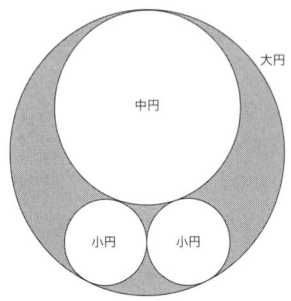

【解説】和算では円径は直径を表すので注意していただきたい．小円の直径は中円の直径より5寸短いという意味である．長さや面積の単位については，1寸は約3cm，1歩は1平方寸と思えばよいであろう．影をつけた部分の面積を外余寸と呼んでいる．下図のように名前をつけ，大円の直径を大，中円の直径を中，などと書くことにする．

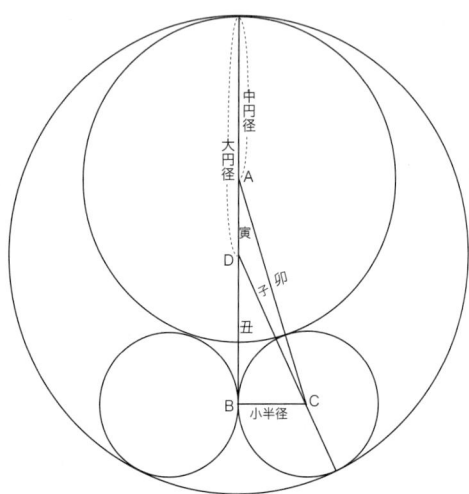

1 発微算法から

$$子 = \frac{大-小}{2}, \quad 卯 = \frac{中+小}{2}, \quad 寅 = \frac{大-中}{2}$$

$\triangle DBC$ に鈎股弦の術(ピタゴラスの定理)で

$$丑^2 = 子^2 - \left(\frac{小}{2}\right)^2$$

$$\therefore \quad 4\,丑^2 = 大^2 - 2\,大小 \cdots\cdots ㊆$$

$$4\,寅^2 = 大^2 - 2\,中大 + 中^2 \cdots\cdots ㊅$$

$\triangle ABC$ に鈎股弦の術で $(寅+丑)^2 + \left(\dfrac{小}{2}\right)^2 = 卯^2$ より

$$4(丑+寅)^2 = 4\,卯^2 - 小^2 = 中^2 + 2\,中小 \quad だから$$

$$4\,丑^2 + 8\,丑寅 + 4\,寅^2 = 中^2 + 2\,中小$$

$$\therefore \quad 8\,丑寅 = 中^2 + 2\,中小 - ㊆ - ㊅ = 2\,中小 + 2(中+小)\,大 - 2\,大^2$$

$$4\,丑寅 = 中小 + (中+小)\,大 - 大^2$$

自乗して

$$16\,丑^2寅^2 = \{中小 + (中+小)\,大 - 大^2\}^2$$

ところで $16\,丑^2寅^2 = ㊆ \times ㊅$ だから

$$(大^2 - 2\,大小)(大^2 - 2\,中大 + 中^2) = \{中小 + (中+小)\,大 - 大^2\}^2$$

$$中^2小 + (4\,中^2 + 2\,中小)\,大 + (小-4\,中)\,大^2 = 0$$

$$(中^2小 + 小大^2 - 4\,中大^2) + (4\,中^2 + 2\,中小)\,大 = 0 \cdots\cdots ⓪$$

ゆえに

$$(中^2小 + 小大^2 - 4\,中大^2)^2 - (4\,中^2 + 2\,中小)^2 大^2 = 0 \cdots\cdots ①$$

面積の関係より
$$\frac{\pi}{4}大^2 = \frac{\pi}{4}中^2 + 2 \times \frac{\pi}{4}小^2 + 120$$
だから
$$大^2 = 中^2 + 2\,小^2 + A \cdots ②$$
ここで, $A = \dfrac{4}{\pi} \times 120$ である. ② と 中 = 小 + 5 を ① へ代入して, 小の 6 次方程式が得られる.『発微算法』の術文ではこの 6 次方程式の出し方が難解なので, 建部が上記のように補足していったのである. また,『発微算法』,『演段諧解』いずれでも 6 次方程式は解いていない.

1.2 第 3 問

原文：
今有甲乙丙丁平方各一．只云從甲方面寸而乙方面寸者短三寸．從乙方面寸而丙方面寸者短七寸．從丙方面寸而丁方面寸者短二尺三寸．別列甲乙丙丁方面寸別々為実開立方之見商寸各四和五尺五寸．問甲乙丙丁方面幾何．

題意：
今, 4 つの正方形甲乙丙丁がある. 甲の一辺の長さより乙の一辺の長さは 3 寸短く, 乙の一辺の長さより丙の一辺の長さは 7 寸短く, 丙の一辺の長さより丁の一辺の長さは 2 尺 3 寸短い. また別に, 甲乙丙丁の一辺の長さの 3 乗根を合わせると 5 尺 5 寸である. 甲乙丙丁の一辺の長さを求めよ.

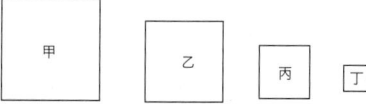

【解説】和算では正方形の一辺のことを方面という．また1尺は10寸である．"開立方之見商"とは3乗根のこと．甲，乙，丙，丁の方面をそれぞれ，甲，乙，丙，丁と書くことにする．すると本問は

$$甲 = 乙 + 3$$

$$乙 = 丙 + 7$$

$$丙 = 丁 + 23$$

$$\sqrt[3]{甲} + \sqrt[3]{乙} + \sqrt[3]{丙} + \sqrt[3]{丁} = 55$$

を解くことになる．『発微算法』の術文は次のようになっている．$\sqrt[3]{丁} = x$ とし，子，丑，$\cdots$，酉，左，右を以下のようにおく．

$$子 = 55 - x$$
$$丑 = x^3 + 丙 - 丁$$
$$寅 = (乙 - 丙) + 丑$$
$$卯 = (甲 - 乙) + 寅$$
$$辰 = 36\,甲^7 + 9\,甲乙^2 + 18\,甲乙丙 + 18\,甲乙丁 + 9\,甲丙^2$$
$$\qquad + 9\,甲丁^2$$
$$巳 = 126\,甲^4乙 + 45\,甲^4丙 + 45\,甲^4丁 + 63\,甲丙丁$$
$$午 = 126\,甲^6乙 + 18\,甲^5丙 + 18\,甲^5丁 + 63\,甲^2丙丁$$
$$未 = 9\,甲^8 + 36\,甲^2乙^2 + 45\,甲^2乙丙 + 45\,甲^2乙丁$$
$$\qquad + 9\,甲^2丙^2 + 9\,甲^2丁^2$$
$$申 = 甲^9 + 84\,甲^3乙^2 + 60\,甲^3乙丙 + 60\,甲^3乙丁$$
$$\qquad + 3\,甲^3丙^2 + 3\,甲^3丁^2 + 21\,乙丙丁$$
$$酉 = 84\,甲^6乙 + 3\,甲^6丙 + 3\,甲^6丁 + 21\,甲^3丙丁 + 乙^3$$
$$\qquad + 3\,乙^2丙 + 3\,乙^2丁 + 3\,乙丙^2 + 3\,乙丁^2 + 丙^3 + 丙^2丁$$

$$
\begin{aligned}
& \qquad +\ 3\,丙丁^2 + 丁^3 \\
左 &=\ 乙^2辰^3 + 3\,乙^2辰巳^2 + 3\,乙辰午酉 + 3\,乙辰未申 \\
& \qquad +\ 3\,乙巳午申 + 3\,乙巳未酉 + 乙午^3 + 3\,乙午未^2 \\
& \qquad +\ 申^3 + 3\,申酉^2 \\
右 &=\ 3\,乙^2辰^2巳 + 乙^2巳^2 + 3\,乙辰午申 + 3\,乙辰未酉 \\
& \qquad +\ 3\,乙巳午酉 + 3\,乙巳未申 + 3\,乙午^2未 + 乙未^3 \\
& \qquad +\ 3\,申^2酉 + 酉^3
\end{aligned}
$$

このとき 左 = 右 で求める方程式が得られる．この 27 次方程式を解いて $\sqrt[3]{丁}$ を得る．以上が関の術文である．

この術文に対して『演段諺解』では以下のように説明している．$\sqrt[3]{丁} = x$ とする．

$$子 = 55 - x$$
$$丙 = x^3 + 23$$
$$乙 = x^3 + 30$$
$$甲 = x^3 + 33$$

和 $= \sqrt[3]{甲} + \sqrt[3]{乙}$ とおくと

$$和 - \sqrt[3]{乙} = \sqrt[3]{甲}$$

両辺を三乗して, 角 $=$ 和^3, 亢 $=$ 甲$+$乙, 氐 $= 3$ 和^2, 房 $= 3$ 和 とおくと

$$角 - 亢 - 氐\sqrt[3]{乙} + 房\left(\sqrt[3]{乙}\right)^2 = 0 \cdots\cdots ③$$

ゆえに

$$(角 - 亢)^3 - 氐^3乙 + 房^3乙^2 + 3(角 - 亢)\,氐房乙 = 0 \cdots\cdots ④$$

1 発微算法から

ところで
$$和 = 子 - \sqrt[3]{丙}$$

だから三乗して,

$$角 = 子^3 - 3\,子^2\sqrt[3]{丙} + 3\,子\left(\sqrt[3]{丙}\right)^2 - 丙 \cdots\cdots ⑤$$

⑤ を ④ に代入して整理すると,

$$(申 - 酉) + (午 - 未)\sqrt[3]{丙} + (辰 - 巳)\left(\sqrt[3]{丙}\right)^2 = 0 \cdots\cdots ⑥$$

となる.ゆえに,

$$(申 - 酉)^3 + (午 - 未)^3 丙 + (辰 - 巳)^3 丙^2$$
$$- 3(申 - 酉)(午 - 未)(辰 - 巳)\,丙 = 0 \cdots\cdots ⑦$$

これを展開すると 左 − 右 = 0 になる.
ここで第1問,第3問ともに次のような術を使っている.

$$天 + 地 = 0 \quad ならば \quad 天^2 - 地^2 = 0 \cdots\cdots ⓘ$$

天+地+人 = 0 ならば 天^3+地^3+人^3−3天地人 = 0 ⋯⋯ⓙ

⓪ から ① を導くのが ⓘ である.③ から ④ を導くのが ⓙ である.⑥ から ⑦ を導くのが ⓙ である.このような術を巧みに使って解説したのが『演段諺解』である.なお,小川 [9] では ⓘ を 2 乗化,ⓙ を 3 乗化とよんでいる.

2 解伏題之法から

関流には三部抄として

- 『解見題之法』関孝和編
- 『解隠題之法』関孝和編，1685 年
- 『解伏題之法』1683 年重訂

が伝わっている．見題は方程式を立てる必要がなく，算術だけで解ける問題である．隠題は未知数が 1 つの方程式で解ける問題である．伏題は未知数 1 つでは方程式が立て難く，別に補助の未知数を設け，複数の方程式を立て，補助未知数を消去するものである．そこには行列式と同じ術が使われていることで有名である．

2.1 生尅第五

『解伏題之法』の生尅第五からその術を簡単に紹介しておこう．

例 1：y を補助の未知数として連立方程式

$$\begin{cases} 乙 + 甲\, y = 0 \cdots\cdots 一式 \\ 丁 + 丙\, y = 0 \cdots\cdots 二式 \end{cases}$$

より y を消去する．（ただし，甲，乙，丙，丁は x を含む式である）
(一式) × 丙 + (二式) × (−甲) より y が消去され

$$乙丙 - 丁甲 = 0$$

を得る．

例2：次の3つの式より y を消去する．

$$\begin{cases} 丙 + 乙\,y + 甲\,y^2 = 0 \cdots\cdots 一式 \\ 己 + 戊\,y + 丁\,y^2 = 0 \cdots\cdots 二式 \\ 壬 + 辛\,y + 庚\,y^2 = 0 \cdots\cdots 三式 \end{cases}$$

(一式)×戊庚　より　丙戊庚 + 乙戊庚 y + 甲戊庚 $y^2 = 0$

(一式)×(−丁辛)　より　−丙丁辛 − 乙丁辛 y − 甲丁辛 $y^2 = 0$

(二式)×甲辛　より　己甲辛 + 戊甲辛 y + 丁甲辛 $y^2 = 0$

(二式)×(−乙庚)　より　−己乙庚 − 戊乙庚 y − 丁乙庚 $y^2 = 0$

(三式)×乙丁　より　壬乙丁 + 辛乙丁 y + 庚乙丁 $y^2 = 0$

(三式)×(−甲戊)　より　−壬甲戊 − 辛甲戊 y − 庚甲戊 $y^2 = 0$

これら6式を加えると，y, y^2 が消去され

丙戊庚 + 己甲辛 + 壬乙丁 − (丙丁辛 + 己乙庚 + 壬甲戊) = 0

を得る．これは一式，二式，三式から y を消去した行列式

$$\begin{vmatrix} 丙 & 乙 & 甲 \\ 己 & 戊 & 丁 \\ 壬 & 辛 & 庚 \end{vmatrix} = 0$$

である．

例3：次の2つの式より y を消去する．

$$\begin{cases} 丁 + 丙\,y + 乙\,y^2 + 甲\,y^3 = 0 \cdots\cdots 前式 \\ 辛 + 庚\,y + 己\,y^2 + 戊\,y^3 = 0 \cdots\cdots 後式 \end{cases}$$

前式×(−戊) + 後式×甲　より

(辛甲 − 丁戊) + (庚甲 − 丙戊)y + (己甲 − 乙戊)$y^2 = 0 \cdots\cdots$ 一式

前式 × (−己) + 後式 × 乙 + 一式 × y より
$(辛乙 − 丁己) + (辛甲 − 丁戊 + 庚乙 − 丙己)y$
$\qquad\qquad\qquad + (庚甲 − 丙戊)y^2 = 0 \cdots\cdots$ 二式
前式 × (−庚) + 後式 × 丙 + 二式 × y より

$(辛丙 − 丁庚) + (辛乙 − 丁巳)y + (辛甲 − 丁戊)y^2 = 0 \cdots\cdots$ 三式

この一式，二式，三式を関は換式と呼んでおり，これから行列式が導かれるものである．例2の術により y を消去するとその結果は

$-丁^2乙己^2戊 + 丁丙乙己庚戊 − 丁乙^2庚^2戊 + 丁^2丙己戊^2$
$-丁丙^2庚戊^2 + 2丁^2乙庚戊^2 − 丁^3戊^3 + 丁^2己^3甲$
$-丁丙己^2庚甲 + 丁乙己庚^2甲 − 3丁^2己庚戊甲 + 2丁丙庚^2戊甲$
$-丁庚^3甲^2 − 丙^2乙己戊辛 + 2丁乙^2己戊辛 + 丙乙^2庚戊辛$
$+丙^3戊^2辛 − 3丁丙乙戊^2辛 + 丁^2己^2甲辛 − 2丁丙己^2甲辛$
$-丙乙己庚甲辛 + 丁丙己戊甲辛 − 2丙^2乙庚戊甲辛$
$-丁乙庚戊甲辛 + 3丁^2戊^2甲辛 + 3丁己庚甲^2辛 + 丙庚^2甲^2辛$
$-乙^3戊辛^2 + 乙^2己甲辛^2 + 3丙乙戊甲辛^2 − 2丙己甲^2辛^2$
$-乙庚甲^2辛^2 − 3丁戊甲^2辛^2 + 甲^3辛^3 = 0 \cdots\cdots$ ①

となる．これは前式，後式の終結式

$$\begin{vmatrix} 丁 & 丙 & 乙 & 甲 & 0 & 0 \\ 0 & 丁 & 丙 & 乙 & 甲 & 0 \\ 0 & 0 & 丁 & 丙 & 乙 & 甲 \\ 辛 & 庚 & 己 & 戊 & 0 & 0 \\ 0 & 辛 & 庚 & 己 & 戊 & 0 \\ 0 & 0 & 辛 & 庚 & 己 & 戊 \end{vmatrix} = 0$$

である．これを確認しておこう．角 = 甲辛 − 丁戊, 亢 = 甲庚 − 丙戊, 氐 = 甲己 − 乙戊, 房 = 丙辛 − 丁庚, 心 = 乙辛 − 丁己, 尾 = 乙庚 − 丙己 とおく．第3行 × (−戊) に第6行 × 甲を加

え，さらに 第2行×(−己) に 第5行×乙 を加えると

$$\begin{vmatrix} 丁 & 丙 & 乙 & 甲 & 0 & 0 \\ 0 & 心 & 尾 & 0 & -氐 & 0 \\ 0 & 0 & 角 & 亢 & 氐 & 0 \\ 辛 & 庚 & 己 & 戊 & 0 & 0 \\ 0 & 辛 & 庚 & 己 & 戊 & 0 \\ 0 & 0 & 辛 & 庚 & 己 & 戊 \end{vmatrix} = 0$$

$$\begin{vmatrix} 丁 & 丙 & 乙 & 甲 & 0 \\ 0 & 心 & 尾 & 0 & -氐 \\ 0 & 0 & 角 & 亢 & 氐 \\ 辛 & 庚 & 己 & 戊 & 0 \\ 0 & 辛 & 庚 & 己 & 戊 \end{vmatrix} = 0$$

第1行×辛 に 第4行×(−丁) を加え，さらに第3行に第2行を加えると

$$\begin{vmatrix} 丁 & 丙 & 乙 & 甲 & 0 \\ 0 & 心 & 尾 & 0 & -氐 \\ 0 & 心 & 角+尾 & 亢 & 0 \\ 0 & 房 & 心 & 角 & 0 \\ 0 & 辛 & 庚 & 己 & 戊 \end{vmatrix} = 0$$

第2行に 第5行×(−乙) を加えると

$$\begin{vmatrix} 丁 & 丙 & 乙 & 甲 & 0 \\ 0 & 丁 & 丙 & 乙 & 甲 \\ 0 & 心 & 角+尾 & 亢 & 0 \\ 0 & 房 & 心 & 角 & 0 \\ 0 & 辛 & 庚 & 己 & 戊 \end{vmatrix} = 0$$

第 2 行 × (−戊) に 第 5 行 × 甲 をくわえて

$$\begin{vmatrix} 丁 & 丙 & 乙 & 甲 & 0 \\ 0 & 角 & 亢 & 氐 & 0 \\ 0 & 心 & 角+尾 & 亢 & 0 \\ 0 & 房 & 心 & 角 & 0 \\ 0 & 辛 & 庚 & 己 & 戊 \end{vmatrix} = 0$$

ゆえに

$$\begin{vmatrix} 角 & 亢 & 氐 \\ 心 & 角+尾 & 亢 \\ 房 & 心 & 角 \end{vmatrix} = 0$$

関はこの例 1, 2, 3 のような方法を逐式交乗とか交式斜乗法とよんでいる．これは終結式による文字消去なので，ここでは便宜的に終結術と呼ぶことにする．関や建部はなぜか『発微算法』や『演段諺解』では終結術を使っていない．『演段諺解』では終結術による処理法を躊躇っているふしが見受けられる．『発微算法』以外で『古今算法記』の遺題を解いたものに，宮城清行『和漢算法大成』(1695 年序, 1712 年刊) がある．この書では終結術で解かれているので，発微算法第 1 問の解き方を次に紹介しておこう．

2.2 和漢算法の演段

前式は発微算法の ⓪ と同じである．ただし，中 = 小 + 只 とし ⓪ を小の三次式と見たものとする．(原題では 中 = 小 + 5 であるが，ここでは一般に只という文字で表している)
$(4 只^2 大 − 4 只大^2) + (只^2 + 10 只大 − 3 大^2)$ 小
$\qquad + (2 只 + 6 大) 小^2 + 小^3 = 0 \cdots\cdots$ 前式

2 解伏題之法から

後式は発微算法の ② と同じ．ただし，小の二次式とみる．

$$(A - 大^2 + 只^2) + 2\,只^2\,小 + 3\,小^2 = 0 \cdots\cdots 後式$$

前式，後式より例3の終結式 ① を利用して小を消去するのである．和漢算法では ① で 戊 $= 0$ とした式

$$丁^2 己^3 - 丁丙己^2 庚 + 丁乙己庚^2 - 丁庚^3 甲 + 丙^2 己^2 辛$$
$$-2\,丁己己^2 辛 - 丙乙己庚辛 + 3\,丁己庚甲辛 + 丙庚^2 甲辛$$
$$+乙^2 己辛^2 - 2\,丙己甲辛^2 - 乙庚甲辛^2 + 甲^2 辛^3 = 0$$

を公式として挙げている．宮城はここまでしか書いていなく，実際の方程式も解も示していないが，甲 $= 1$, 乙 $= 2\,只 + 6\,大$, 丙 $= 只^2 + 10\,只大 - 3\,大^2$, 丁 $= 4\,只^2 大 - 4\,只大^2$, 己 $= 3$, 庚 $= 2\,只^2$, 辛 $= A - 大^2 + 只^2$, 只 $= 5$, $A = \dfrac{4}{3.14} \times 120$ を代入して大の6次方程式を作ってみると

$$1461.23 - 22035.4\,大 + 73016.9\,大^2 - 30433.1\,大^3$$
$$-3381.53\,大^4 - 2400\,大^5 + 44\,大^6 = 0$$

となり，これを解くと 大 $\fallingdotseq 56.125$ となる．

関は五次の行列式の展開まで述べているが，五次の場合は正しくない．井関知辰の『算法発揮』(1690) には行列式の Vandermonde の展開法が述べられており，前式，後式が共に6次方程式までの終結式が記されている．さらに，中根元圭は『七乗冪演式』(1691) で8次方程式の終結式を記している．

3 研幾算法から

『研幾算法』は 1683 年に建部賢弘が書いたもので，関の著作ではないが，関流を論ずる上で重要な書物であるので，ここで取り上げることにする．佐治一平は，池田昌意『数学乗除往来』(1674) の遺題を解いて『数学入門』(1680) を書いたが，その中で関の『発微算法』には誤りがあるとした．これに慨した建部は逆に佐治の答術の誤りを訂すべく本書を書いたのである．その中から終結術絡みの算題として第 3 問を取り上げてみよう．

3.1 第 3 問

原文：
今有円内如図五斜．只云甲斜若干，乙斜若干，丙斜若干，丁斜若干，戊斜若干．問円径幾何．
題意：
図のように円に内接する五角形があり，甲，乙，丙，丁，戊の長さが与えられたとき，円の直径を求めよ．

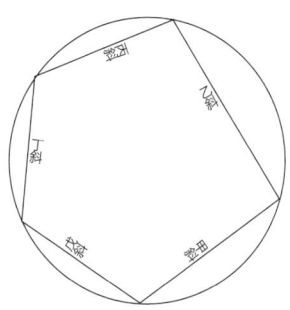

3 研幾算法から

【解説】術文には次のように書かれているだけである．円径を径と書き，以下のようにおく．

$$\text{角} = \text{丁}^2\text{径}^2 + \text{戊}^2\text{径}^2 - 2\,\text{丁}^2\text{戊}^2$$

$$\text{亢} = \text{丁}^4 + \text{戊}^4 - 2\,\text{丁}^2\text{戊}^2$$

$$\text{氐} = \text{乙}^4 + \text{丙}^4 - 2\,\text{乙}^2\text{丙}^2$$

$$\text{房} = 2\,\text{乙}^2\text{径}^2 + 2\,\text{丙}^2\text{径}^2 - 4\,\text{乙}^2\text{丙}^2$$

$$\text{心} = \text{甲}^2\text{角} - \text{径}^2\text{亢}$$

$$\text{尾} = 2\,\text{甲}^2\text{角} + \text{径}^2\text{亢} - 2\,\text{甲}^2\text{亢}$$

$$\text{箕} = \text{甲}^4\text{径}^2 - \text{径}^2\text{亢}$$

$$\text{斗} = 4\,\text{甲}^2\text{径}^4 + 4\,\text{径}^2\text{角}$$

$$\text{牛} = 8\,\text{甲}^2\text{角} + \text{径}^2\text{房}$$

$$\text{女} = 4\,\text{甲}^2\text{径}^2\text{角} + 8\,\text{甲}^2\text{尾} + \text{径}^4\text{氐}$$

$$\text{虚} = 4\,\text{甲}^4\text{径}^4 + 4\,\text{径}^2\text{尾} + 2\,\text{径}^2\text{箕} + 4\,\text{角}^2$$

$$\text{危} = 4\,\text{甲}^2\text{径}^2\text{心} + 4\,\text{甲}^2\text{径}^2\text{箕} + 4\,\text{角}\text{尾}$$

$$\text{室} = 8\,\text{甲}^4\text{心} + 4\,\text{甲}^2\text{径}^2\text{尾}$$

$$\text{壁} = 4\,\text{甲}^2\text{角}\text{心} + \text{箕}^2$$

$$\begin{aligned}\text{奎} =\ & \text{径}^2\text{氐}^2\text{斗} + \text{径}^2\text{氐}\text{室} + \text{房}\text{壁} - 4\,\text{甲}^4\text{径}^2\text{房}\text{心} \\ & - \text{径}^2\text{氐}^2\text{牛} - \text{径}^2\text{氐}\text{危}\end{aligned}$$

$$\begin{aligned}\text{右} =\ & (\text{径}^2\text{氐}\text{女} + \text{径}^2\text{壁} + \text{氐}\text{房}\text{斗} - 4\,\text{甲}^4\text{径}^4\text{心} \\ & - \text{径}^2\text{氐}\text{虚} - \text{氐}\text{房}\text{牛})^2\text{径}^2\end{aligned}$$

$$\begin{aligned}\text{左} =\ & (\text{径}^4\text{氐}\text{牛} + \text{径}^4\text{危} + \text{径}^2\text{房}\text{女} + \text{房}^2\text{斗} \\ & - \text{径}^4\text{氐}\text{斗} - \text{径}^4\text{室} - \text{径}^2\text{房}\text{虚} - \text{房}^2\text{牛})\,\text{奎}\end{aligned}$$

このとき 左 = 右 が求める方程式である．これでは何のことかわからないが，著者も年期もない『研幾算法演段諺解』(日

本学士院蔵) にその演段が述べられている.

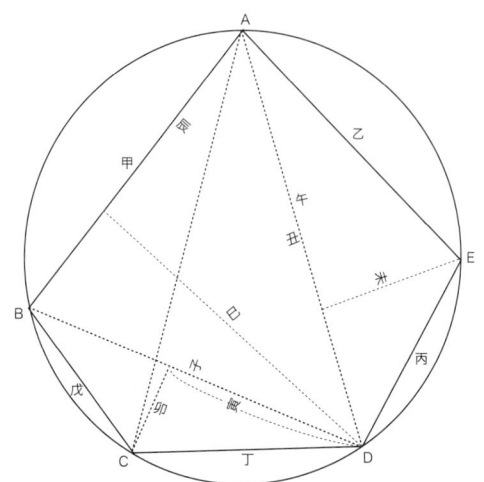

△BCD に双股弦の術 (余弦定理) で

$$子^2 + 丁^2 - 戊^2 = 2\,子寅$$

ゆえに

$$
\begin{aligned}
4\,子^2寅^2径^2 &= (子^2 + 丁^2 - 戊^2)^2 径^2 \\
&= (丁^2径^2 - 2\,丁^2戊^2径^2 + 戊^2径^2) \\
&\quad + (2\,丁^2径^2 - 2\,戊^2径^2)\,子^2 + 径^2子^4 \cdots\cdots 左
\end{aligned}
$$

△BCD に三原適等 (正弦定理) で

$$丁戊 = 卯径$$

$$
\begin{aligned}
\therefore\quad 4(丁^2径^2 - 丁^2戊^2)\,子^2 &= 4(丁^2径^2 - 卯^2径^2)\,子^2 \\
&= 4\,寅^2径^2子^2
\end{aligned}
$$

3 研幾算法から

左と相消して

$$(丁^2径^2 - 2\,丁^2戊^2径^2 + 戊^2径^2) + (2\,丁^2径^2 - 2\,戊^2径^2)\,子^2$$
$$+ 径^2子^4 = 4(丁^2径^2 - 丁^2戊^2)\,子^2$$

$$(丁^4径^2 - 2\,丁^2戊^2径^2 + 戊^4径^2) + (-2\,丁^2径^2 - 2\,戊^2径^2$$
$$+ 4\,丁^2戊^2)\,子^2 + 径^2子^4 = 0$$

これを

$$亢径^2 - 2\,角子^2 + 径^2子^4 = 0 \cdots\cdots (前1)$$

とする．$\triangle ABD$ において同様にして

$$(甲^4径^2 - 2\,甲^2丑^2径^2 + 丑^4径^2) + (-2\,甲^2径^2 - 2\,丑^2径^2$$
$$+ 4\,甲^2丑^2)\,子^2 + 径^2子^4 = 0 \cdots\cdots (後1)$$

$\triangle ADE$ において同様にして

$$氐径^2 - 房丑^2 + 径^2丑^4 = 0 \cdots\cdots (前2)$$

(前1), (前2), (後1) より子, 丑を消去するのである．まず (前1), (後1) を子の式と見て (後1) − (前1) より

$$(-亢径^2 + 甲^4径^2 - 2\,甲^2丑^2径^2 + 丑^4径^2) + (2\,角$$
$$- 2\,甲^2径^2 - 2\,丑^2径^2 + 4\,甲^2丑^2)\,子^2 = 0 \cdots\cdots 一式$$

(前1)×(後1の定数項) − (後1)×(前1の定数項) より

$$(-2\,角甲^4 + 4\,角甲^2丑^2 - 2\,角丑^4 + 2\,亢甲^2径^2 + 2\,亢丑^2径^2$$
$$- 4\,亢甲^2丑^2) + (-亢径^2 + 甲^4径^2 - 2\,甲^2丑^2径^2$$
$$+ 丑^4径^2)\,子^2 = 0 \cdots\cdots 二式$$

ここで,

$$二式の定数項 = 2\,心甲^2 - 2\,尾丑^2 + 2\,角丑^4 \cdots\cdots ①$$
$$一式の子^2の係数 = (2\,甲^2径^2 - 2\,角)$$
$$+ (2\,径^2 - 4\,甲^2)\,丑^2 \cdots\cdots\cdots ②$$
$$一式の定数項 = 二式の子^2の係数$$
$$= 箕 - 2\,甲^2径^2丑^2 + 径^2丑^4 \cdots\cdots ③$$

と書ける.

$$① \times ② = (4\,心甲^4径^2 - 4\,角心径^2) + (4\,心甲^2径^2$$
$$+ 4\,角尾 - 4\,尾甲^2径^2 - 8\,心甲^4)\,丑^2 + (-4\,角^2$$
$$- 4\,尾径^2 + 4\,角甲^2径^2 + 8\,尾甲^2)\,丑^4 + (4\,角径^2$$
$$- 8\,角甲^2)\,丑^6$$

$$③^2 = 箕^2 - 4\,箕甲^2径^2丑^2 + (2\,箕径^2 + 4\,甲^4径^4)\,丑^4$$
$$- 4\,甲^2径^4丑^6 + 径^4丑^6$$

で, 一式, 二式から子を消去した式は $① \times ② - ③^2 = 0$ であるから,

$$(4\,心甲^4径^2 - 4\,角心径^2 - 箕^2) + (4\,心甲^2径^2 + 4\,角尾$$
$$- 4\,尾甲^2径^2 - 8\,心甲^4 + 4\,箕甲^2径^2)\,丑^2 + (-4\,角^2$$
$$- 4\,尾径^2 + 4\,角甲^2径^2 + 8\,尾甲^2 - 2\,箕径^2 - 4\,甲^4径^4)\,丑^4$$
$$+ (4\,角径^2 - 8\,角甲^2 + 4\,甲^2径^4)\,丑^6 - 径^4丑^8 = 0 \cdots\cdots ④$$

④ + (前 2) × $径^2丑^4$ より

$$(4\,心甲^4径^2 - 4\,角心径^2 - 箕^2) + (4\,心甲^2径^2 + 4\,角尾$$
$$- 4\,尾甲^2径^2 - 8\,心甲^4 + 4\,箕甲^2径^2)\,丑^2 + (-4\,角^2$$

3 研幾算法から

$$\begin{aligned}
&- \; 4\,\text{尾径}^2 + 4\,\text{角甲}^2\text{径}^2 + 8\,\text{尾甲}^2 - 2\,\text{箕径}^2 - 4\,\text{甲}^4\text{径}^4 \\
&+ \; \text{氏径}^4)\,\text{丑}^4 + (4\,\text{角径}^2 - 8\,\text{角甲}^2 + 4\,\text{甲}^2\text{径}^4 - \text{房径}^2)\,\text{丑}^6 \\
&= \; 0
\end{aligned}$$

となり，これは

$$(4\,\text{心甲}^4\text{径}^2 - \text{壁}) + (\text{危} - \text{室})\,\text{丑}^2 + (\text{女} - \text{虚})\,\text{丑}^4 \\ + (\text{斗} - \text{牛})\,\text{丑}^6 = 0 \cdots \cdots \text{⑤}$$

とかける．⑤ $\times$ 径^2 $-$ (前 2) $\times$ (斗 $-$ 牛) 丑^2 より

$$(4\,\text{心甲}^4\text{径}^4 - \text{壁径}^2) + (\text{危径}^2 + \text{氏牛径}^2 - \text{室径}^2 \\ - \text{氏斗径}^2)\,\text{丑}^2 + (\text{虚径}^2 - \text{房牛} + \text{女径}^2 \\ + \text{房斗})\,\text{丑}^4 = 0 \cdots \cdots (\text{後 2})$$

(前 2) と (後 2) より 解伏題之法例 3 のようにして換式をつくると

$$(4\,\text{心甲}^4\text{径}^6 + \text{氏虚径}^4 + \text{氏房牛径}^2 - \text{壁径}^4 - \text{氏女径}^4 \\ - \; \text{氏房斗径}^2) + (-\text{室径}^4 - \text{氏斗径}^4 - \text{房虚径}^2 - \text{房}^2\text{牛} \\ + \; \text{危径}^4 + \text{氏牛径}^4 + \text{房女径}^2 + \text{房}^2\text{斗})\,\text{丑}^2 = 0 \cdots \cdots \text{三式}$$

$$\text{奎} + (4\,\text{心甲}^4\text{径}^4 + \text{氏虚径}^2 + \text{氏房牛} - \text{壁径}^2 - \text{氏女径}^2 \\ - \text{氏房斗})\,\text{丑}^2 = 0 \cdots \cdots \text{四式}$$

三式，四式より丑を消去すると

$$(-\text{室径}^4 - \text{氏斗径}^4 - \text{房虚径}^2 - \text{房}^2\text{牛} + \text{危径}^4 + \text{氏牛径}^4 \\ + \text{房女径}^2 + \text{房}^2\text{斗})\,\text{奎} - (4\,\text{心甲}^4\text{径}^4 + \text{氏虚径}^2 + \text{氏房牛} \\ - \text{壁径}^2 - \text{氏女径}^2 - \text{氏房斗})^2\,\text{径}^2 = 0 \cdots \cdots \text{⑥}$$

これが研幾算法の術文にあった 左 = 右 である．なお，これは径の 14 次方程式になる．この『研幾算法演段諺解』はその書き振りからみて，建部自身の著作と思える．

本問を同じように終結術で解いたものに『算法発揮』がある．ところで，今井兼庭が著した『明玄算法』(1764) に，本問を終結術などを使わないで解け，という遺題が載っている．この遺題に対する解答ではないが，会田安明 (1747〜1817) が天元術や終結術を使わないで解いているので，次にそれを解説しておこう．

会田安明は関流と対峙する最上流の創始者であり，何かと関流には"いちゃもん"をつけているが，本稿ではそのことには触れないでおく．

会田安明の稿本『算法貫通術』は全 65 冊で，文化 2 年 (1805) までに著された．タイトルの〈貫通〉は疑いがさっと解けて，筋道が明らかになること．会田は本書を含め，他の著作でも〈通術〉という言葉をよく使っているので，〈通術を貫く〉という意味も含ませているようで，ちょっと洒落たネーミングである．帰納的に 2 の場合，3 の場合，$\cdots$，n の場合の公式を作ることを通術と呼んでいる．この貫通術第 54 巻で円に内接する五角形を解いている．

3.2 算法貫通術

1 図 1 で甲を得る式を作れ．
丙^2 = 甲^2 + 乙^2 − 2 甲寅 (双股弦の術) および (中 + 地)^2 + $\left(寅 - \dfrac{甲}{2}\right)^2 = \left(\dfrac{径}{2}\right)^2$，地$^2 + \left(\dfrac{甲}{2}\right)^2 = \left(\dfrac{径}{2}\right)^2$，中^2 + 寅$^2 =$

3 研幾算法から

乙² より

$$甲^2 - 4\,中地 = 乙^2 + 丙^2 \tag{1}$$

$$中 = \frac{乙丙}{径} \quad (三原適等)$$

天 = 中 + 2 地 とおくと　　鋭角のときは 天 = 中 − 2 地

$$\begin{aligned}
天^2 = (中 + 2\,地)^2 &= 中^2 + 4\,中地 + 4\,地^2 \\
&= 中^2 + 4\,中地 + 4\left(\frac{径^2}{4} - \frac{甲^2}{4}\right) \\
&= 中^2 + 径^2 - 甲^2 + 4\,中地 \\
&= 中^2 + 径^2 - 乙^2 - 丙^2 \quad \because (1)
\end{aligned}$$

よって

$$甲^2 = 径^2 - (\sqrt{中^2 + 径^2 - 乙^2 - 丙^2} - 中)^2 \tag{2}$$

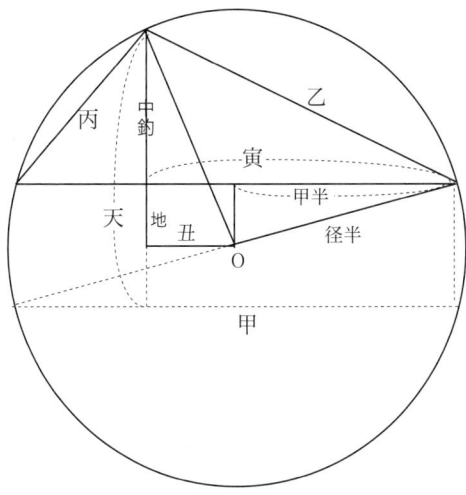

図 1

2 図2において，径，乙，丙が与えられたとき，伊と甲を得る式を作れ．

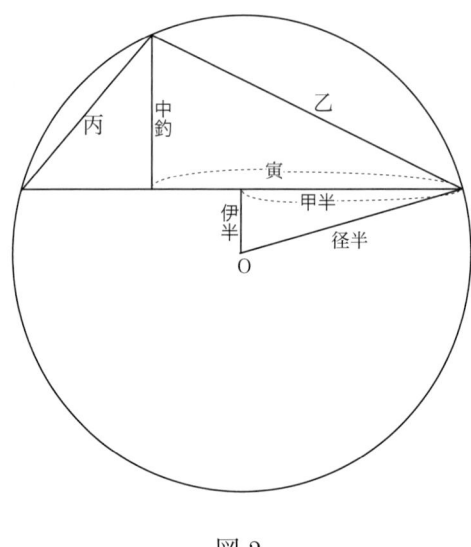

図 2

(2) において

$$\begin{aligned}
中^2 + 径^2 - 乙^2 - 丙^2 &= \frac{乙^2 丙^2}{径^2} + 径^2 - 乙^2 - 丙^2 \\
&= \frac{径^4 - (乙^2 + 丙^2)径^2 + 乙^2 丙^2}{径^2} \\
&= \frac{(径^2 - 乙^2)(径^2 - 丙^2)}{径^2}
\end{aligned}$$

だから，$子 = \sqrt{径^2 - 乙^2}$, $丑 = \sqrt{径^2 - 丙^2}$ とおくと

$$\begin{aligned}
甲^2 &= 径^2 - \left(\frac{子丑}{径} - \frac{乙丙}{径}\right)^2 \\
&= 径^2 - \frac{子^2 丑^2}{径^2} + \frac{2\,子丑乙丙}{径^2} - \frac{乙^2 丙^2}{径^2}
\end{aligned}$$

$$= \frac{(乙丑 + 丙子)^2}{径^2}$$

ゆえに

$$甲 = \frac{乙丑 + 丙子}{径} \tag{3}$$

$$伊 = \left|\frac{子丑}{径} - \frac{乙丙}{径}\right| \tag{4}$$

3 円に内接する四角形において，径，甲，乙，丙が与えられたとき，丁を得る式を作れ．

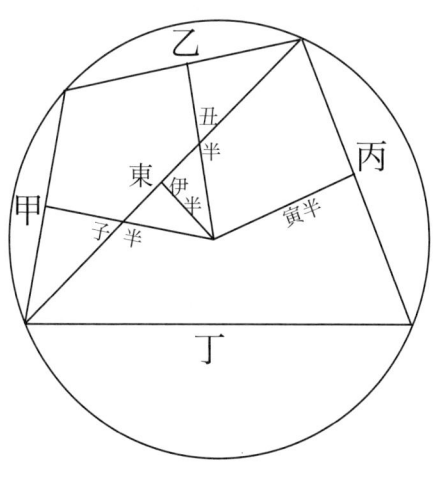

図 3

$子 = \sqrt{径^2 - 甲^2}$, $丑 = \sqrt{径^2 - 乙^2}$, $寅 = \sqrt{径^2 - 丙^2}$ とおく．(3)(4) より

$$伊 = \frac{子丑 \sim 甲乙}{径}, \quad 東 = \frac{子乙 + 丑甲}{径}$$

よって
$$丁 = \frac{伊丙 + 東寅}{径} \tag{5}$$

[4] 円に内接する五角形において，径，甲，乙，丙，丁が与えられたとき，戊を得る式を作れ．

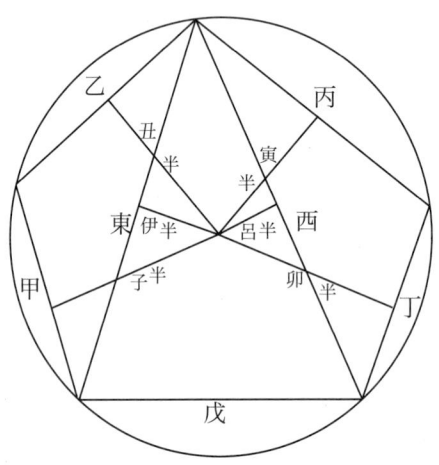

図 4

$子 = \sqrt{径^2 - 甲^2}$, $丑 = \sqrt{径^2 - 乙^2}$, $寅 = \sqrt{径^2 - 丙^2}$, $卯 = \sqrt{径^2 - 丁^2}$ とおく．(3)(4) より

$$伊 = \frac{子丑 \sim 甲乙}{径}, \quad 東 = \frac{子乙 + 丑甲}{径}$$

$$呂 = \frac{寅卯 \sim 丙丁}{径}, \quad 西 = \frac{寅丁 + 卯丙}{径}$$

よって
$$戊 = \frac{西伊 + 東呂}{径} \tag{6}$$

3 研幾算法から

この (6) を 4 回 2 乗すると, $x =$ 径^2 についての 7 次方程式 ⑥ になる. 参考までにその式を示しておこう. $a =$ 甲, $b =$ 乙, $c =$ 丙, $d =$ 丁, $e =$ 戊 とする.

$16384a^6b^6c^6d^6e^6 + (4096a^8b^8c^4d^4e^4 + 4096a^8b^4c^8d^4e^4$
$+ 4096a^4b^8c^8d^4e^4 - 24576a^6b^6c^6d^6e^4 + 4096a^8b^4c^4d^8e^4$
$+ 4096a^4b^8c^4d^8e^4 + 4096a^4b^4c^8d^8e^4 - 24576a^6b^6c^6d^4e^6$
$- 24576a^6b^6c^4d^6e^6 - 24576a^6b^4c^6d^6e^6 - 24576a^4b^6c^6d^6e^6$
$+ 4096a^8b^4c^4d^4e^8 + 4096a^4b^8c^4d^4e^8 + 4096a^4b^4c^8d^4e^8$
$+ 4096a^4b^4c^4d^8e^8)x + (1024a^{10}b^6c^6d^2e^2 + 1024a^6b^{10}c^6d^2e^2$
$+ 1024a^6b^6c^{10}d^2e^2 - 4096a^8b^8c^4d^4e^2 - 4096a^8b^4c^8d^4e^2$
$- 4096a^4b^8c^8d^4e^2 + 1024a^{10}b^6c^2d^6e^2 + 1024a^6b^{10}c^2d^6e^2$
$+ 1024a^{10}b^2c^6d^6e^2 + 12288a^6b^6c^6d^6e^2 + 1024a^2b^{10}c^6d^6e^2$
$+ 1024a^6b^2c^{10}d^6e^2 + 1024a^2b^6c^{10}d^6e^2 - 4096a^8b^4c^4d^8e^2$
$- 4096a^4b^8c^4d^8e^2 - 4096a^4b^4c^8d^8e^2 + 1024a^6b^6c^2d^{10}e^2$
$+ 1024a^6b^2c^6d^{10}e^2 + 1024a^2b^6c^6d^{10}e^2 - 4096a^8b^8c^4d^2e^4$
$- 4096a^8b^4c^8d^2e^4 - 4096a^4b^8c^8d^2e^4 - 4096a^8b^8c^2d^4e^4$
$- 8192a^8b^6c^4d^4e^4 - 8192a^6b^8c^4d^4e^4 - 8192a^8b^4c^6d^4e^4$
$+ 36864a^6b^6c^6d^4e^4 - 8192a^4b^8c^6d^4e^4 - 4096a^8b^2c^8d^4e^4$
$- 8192a^6b^4c^8d^4e^4 - 8192a^4b^6c^8d^4e^4 - 4096a^2b^8c^8d^4e^4$
$- 8192a^8b^4c^4d^6e^4 + 36864a^6b^6c^4d^6e^4 - 8192a^4b^8c^4d^6e^4$
$+ 36864a^6b^4c^6d^6e^4 + 36864a^4b^6c^6d^6e^4 - 8192a^4b^4c^8d^6e^4$
$- 4096a^8b^4c^2d^8e^4 - 4096a^4b^8c^2d^8e^4 - 4096a^8b^2c^4d^8e^4$
$- 8192a^6b^4c^4d^8e^4 - 8192a^4b^6c^4d^8e^4 - 4096a^2b^8c^4d^8e^4$
$- 8192a^4b^4c^6d^8e^4 - 4096a^4b^2c^8d^8e^4 - 4096a^2b^4c^8d^8e^4$
$+ 1024a^{10}b^6c^2d^2e^6 + 1024a^6b^{10}c^2d^2e^6 + 1024a^{10}b^2c^6d^2e^6$
$+ 12288a^6b^6c^6d^2e^6 + 1024a^2b^{10}c^6d^2e^6 + 1024a^6b^2c^{10}d^2e^6$
$+ 1024a^2b^6c^{10}d^2e^6 - 8192a^8b^4c^4d^4e^6 + 36864a^6b^6c^4d^4e^6$
$- 8192a^4b^8c^4d^4e^6 + 36864a^6b^4c^6d^4e^6 + 36864a^4b^6c^6d^4e^6$
$- 8192a^4b^4c^8d^4e^6 + 1024a^{10}b^2c^2d^6e^6 + 12288a^6b^6c^2d^6e^6$

$$+1024a^2b^{10}c^2d^6e^6 + 36864a^6b^4c^4d^6e^6 + 36864a^4b^6c^4d^6e^6$$
$$+12288a^6b^2c^6d^6e^6 + 36864a^4b^4c^6d^6e^6 + 12288a^2b^6c^6d^6e^6$$
$$+1024a^2b^2c^{10}d^6e^6 - 8192a^4b^4c^4d^8e^6 + 1024a^6b^2c^2d^{10}e^6$$
$$+1024a^2b^6c^2d^{10}e^6 + 1024a^2b^2c^6d^{10}e^6 - 4096a^8b^4c^4d^2e^8$$
$$-4096a^4b^8c^4d^2e^8 - 4096a^4b^4c^8d^2e^8 - 4096a^8b^4c^2d^4e^8$$
$$-4096a^4b^8c^2d^4e^8 - 4096a^8b^2c^4d^4e^8 - 8192a^6b^4c^4d^4e^8$$
$$-8192a^4b^6c^4d^4e^8 - 4096a^2b^8c^4d^4e^8 - 8192a^4b^4c^6d^4e^8$$
$$-4096a^4b^2c^8d^4e^8 - 4096a^2b^4c^8d^4e^8 - 8192a^4b^4c^4d^6e^8$$
$$-4096a^4b^4c^2d^8e^8 - 4096a^4b^2c^4d^8e^8 - 4096a^2b^4c^4d^8e^8$$
$$+1024a^6b^6c^2d^2e^{10} + 1024a^6b^2c^6d^2e^{10} + 1024a^2b^6c^6d^2e^{10}$$
$$+1024a^6b^2c^2d^6e^{10} + 1024a^2b^6c^2d^6e^{10} + 1024a^2b^2c^6d^6e^{10})x^2$$
$$+(256a^8b^8c^8 - 512a^{10}b^6c^6d^2 - 512a^6b^{10}c^6d^2$$
$$-512a^6b^6c^{10}d^2 + 256a^{12}b^4c^4d^4 + 1024a^8b^8c^4d^4$$
$$+256a^4b^{12}c^4d^4 + 1024a^8b^4c^8d^4 + 1024a^4b^8c^8d^4$$
$$+256a^4b^4c^{12}d^4 - 512a^{10}b^6c^2d^6 - 512a^6b^{10}c^2d^6$$
$$-512a^{10}b^2c^6d^6 - 2048a^6b^6c^6d^6 - 512a^2b^{10}c^6d^6$$
$$-512a^6b^2c^{10}d^6 - 512a^2b^6c^{10}d^6 + 256a^8b^8d^8$$
$$+1024a^8b^4c^4d^8 + 1024a^4b^8c^4d^8 + 256a^8c^8d^8$$
$$+1024a^4b^4c^8d^8 + 256b^8c^8d^8 - 512a^6b^6c^2d^{10}$$
$$-512a^6b^2c^6d^{10} - 512a^2b^6c^6d^{10} + 256a^4b^4c^4d^{12}$$
$$-512a^{10}b^6c^6e^2 - 512a^6b^{10}c^6e^2 - 512a^6b^6c^{10}e^2$$
$$-1536a^{10}b^6c^4d^2e^2 + 4096a^8b^8c^4d^2e^2 - 1536a^6b^{10}c^4d^2e^2$$
$$-1536a^{10}b^4c^6d^2e^2 - 2560a^8b^6c^6d^2e^2 - 2560a^6b^8c^6d^2e^2$$
$$-1536a^4b^{10}c^6d^2e^2 + 4096a^8b^4c^8d^2e^2 - 2560a^6b^6c^8d^2e^2$$
$$+4096a^4b^8c^8d^2e^2 - 1536a^6b^4c^{10}d^2e^2 - 1536a^4b^6c^{10}d^2e^2$$
$$-1536a^{10}b^6c^2d^4e^2 + 4096a^8b^8c^2d^4e^2 - 1536a^6b^{10}c^2d^4e^2$$
$$+8192a^8b^6c^4d^4e^2 + 8192a^6b^8c^4d^4e^2 - 1536a^{10}b^2c^6d^4e^2$$
$$+8192a^8b^4c^6d^4e^2 - 18432a^6b^6c^6d^4e^2 + 8192a^4b^8c^6d^4e^2$$
$$-1536a^2b^{10}c^6d^4e^2 + 4096a^8b^2c^8d^4e^2 + 8192a^6b^4c^8d^4e^2$$

3 研幾算法から

$$+8192a^4b^6c^8d^4e^2 + 4096a^2b^8c^8d^4e^2 - 1536a^6b^2c^{10}d^4e^2$$
$$-1536a^2b^6c^{10}d^4e^2 - 512a^{10}b^6d^6e^2 - 512a^6b^{10}d^6e^2$$
$$-1536a^{10}b^4c^2d^6e^2 - 2560a^8b^6c^2d^6e^2 - 2560a^6b^8c^2d^6e^2$$
$$-1536a^4b^{10}c^2d^6e^2 - 1536a^{10}b^2c^4d^6e^2 + 8192a^8b^4c^4d^6e^2$$
$$-18432a^6b^6c^4d^6e^2 + 8192a^4b^8c^4d^6e^2 - 1536a^2b^{10}c^4d^6e^2$$
$$-512a^{10}c^6d^6e^2 - 2560a^8b^2c^6d^6e^2 - 18432a^6b^4c^6d^6e^2$$
$$-18432a^4b^6c^6d^6e^2 - 2560a^2b^8c^6d^6e^2 - 512b^{10}c^6d^6e^2$$
$$-2560a^6b^2c^8d^6e^2 + 8192a^4b^4c^8d^6e^2 - 2560a^2b^6c^8d^6e^2$$
$$-512a^6c^{10}d^6e^2 - 1536a^4b^2c^{10}d^6e^2 - 1536a^2b^4c^{10}d^6e^2$$
$$-512b^6c^{10}d^6e^2 + 4096a^8b^4c^2d^8e^2 - 2560a^6b^6c^2d^8e^2$$
$$+4096a^4b^8c^2d^8e^2 + 4096a^8b^2c^4d^8e^2 + 8192a^6b^4c^4d^8e^2$$
$$+8192a^4b^6c^4d^8e^2 + 4096a^2b^8c^4d^8e^2 - 2560a^6b^2c^6d^8e^2$$
$$+8192a^4b^4c^6d^8e^2 - 2560a^2b^6c^6d^8e^2 + 4096a^4b^2c^8d^8e^2$$
$$+4096a^2b^4c^8d^8e^2 - 512a^6b^6d^{10}e^2 - 1536a^6b^4c^2d^{10}e^2$$
$$-1536a^4b^6c^2d^{10}e^2 - 1536a^6b^2c^4d^{10}e^2 - 1536a^2b^6c^4d^{10}e^2$$
$$-512a^6c^6d^{10}e^2 - 1536a^4b^2c^6d^{10}e^2 - 1536a^2b^4c^6d^{10}e^2$$
$$-512b^6c^6d^{10}e^2 + 256a^{12}b^4c^4e^4 + 1024a^8b^8c^4e^4$$
$$+256a^4b^{12}c^4e^4 + 1024a^8b^4c^8e^4 + 1024a^4b^8c^8e^4$$
$$+256a^4b^4c^{12}e^4 - 1536a^{10}b^6c^2d^2e^4 + 4096a^8b^8c^2d^2e^4$$
$$-1536a^6b^{10}c^2d^2e^4 + 8192a^8b^6c^4d^2e^4 + 8192a^6b^8c^4d^2e^4$$
$$-1536a^{10}b^2c^6d^2e^4 + 8192a^8b^4c^6d^2e^4 - 18432a^6b^6c^6d^2e^4$$
$$+8192a^4b^8c^6d^2e^4 - 1536a^2b^{10}c^6d^2e^4 + 4096a^8b^2c^8d^2e^4$$
$$+8192a^6b^4c^8d^2e^4 + 8192a^4b^6c^8d^2e^4 + 4096a^2b^8c^8d^2e^4$$
$$-1536a^6b^2c^{10}d^2e^4 - 1536a^2b^6c^{10}d^2e^4 + 256a^{12}b^4d^4e^4$$
$$+1024a^8b^8d^4e^4 + 256a^4b^{12}d^4e^4 + 8192a^8b^6c^2d^4e^4$$
$$+8192a^6b^8c^2d^4e^4 + 256a^{12}c^4d^4e^4 + 22272a^8b^4c^4d^4e^4$$
$$-38912a^6b^6c^4d^4e^4 + 22272a^4b^8c^4d^4e^4 + 256b^{12}c^4d^4e^4$$
$$+8192a^8b^2c^6d^4e^4 - 38912a^6b^4c^6d^4e^4 - 38912a^4b^6c^6d^4e^4$$
$$+8192a^2b^8c^6d^4e^4 + 1024a^8c^8d^4e^4 + 8192a^6b^2c^8d^4e^4$$

$$+22272a^4b^4c^8d^4e^4 + 8192a^2b^6c^8d^4e^4 + 1024b^8c^8d^4e^4$$
$$+256a^4c^{12}d^4e^4 + 256b^4c^{12}d^4e^4 - 1536a^{10}b^2c^2d^6e^4$$
$$+8192a^8b^4c^2d^6e^4 - 18432a^6b^6c^2d^6e^4 + 8192a^4b^8c^2d^6e^4$$
$$-1536a^2b^{10}c^2d^6e^4 + 8192a^8b^2c^4d^6e^4 - 38912a^6b^4c^4d^6e^4$$
$$-38912a^4b^6c^4d^6e^4 + 8192a^2b^8c^4d^6e^4 - 18432a^6b^2c^6d^6e^4$$
$$-38912a^4b^4c^6d^6e^4 - 18432a^2b^6c^6d^6e^4 + 8192a^4b^2c^8d^6e^4$$
$$+8192a^2b^4c^8d^6e^4 - 1536a^2b^2c^{10}d^6e^4 + 1024a^8b^4d^8e^4$$
$$+1024a^4b^8d^8e^4 + 4096a^8b^2c^2d^8e^4 + 8192a^6b^4c^2d^8e^4$$
$$+8192a^4b^6c^2d^8e^4 + 4096a^2b^8c^2d^8e^4 + 1024a^8c^4d^8e^4$$
$$+8192a^6b^2c^4d^8e^4 + 22272a^4b^4c^4d^8e^4 + 8192a^2b^6c^4d^8e^4$$
$$+1024b^8c^4d^8e^4 + 8192a^4b^2c^6d^8e^4 + 8192a^2b^4c^6d^8e^4$$
$$+1024a^4c^8d^8e^4 + 4096a^2b^2c^8d^8e^4 + 1024b^4c^8d^8e^4$$
$$-1536a^6b^2c^2d^{10}e^4 - 1536a^2b^6c^2d^{10}e^4 - 1536a^2b^2c^6d^{10}e^4$$
$$+256a^4b^4d^{12}e^4 + 256a^4c^4d^{12}e^4 + 256b^4c^4d^{12}e^4$$
$$-512a^{10}b^6c^2e^6 - 512a^6b^{10}c^2e^6 - 512a^{10}b^2c^6e^6$$
$$-2048a^6b^6c^6e^6 - 512a^2b^{10}c^6e^6 - 512a^6b^2c^{10}e^6$$
$$-512a^2b^6c^{10}e^6 - 512a^{10}b^6d^2e^6 - 512a^6b^{10}d^2e^6$$
$$-1536a^{10}b^4c^2d^2e^6 - 2560a^8b^6c^2d^2e^6 - 2560a^6b^8c^2d^2e^6$$
$$-1536a^4b^{10}c^2d^2e^6 - 1536a^{10}b^2c^4d^2e^6 + 8192a^8b^4c^4d^2e^6$$
$$-18432a^6b^6c^4d^2e^6 + 8192a^4b^8c^4d^2e^6 - 1536a^2b^{10}c^4d^2e^6$$
$$-512a^{10}c^6d^2e^6 - 2560a^8b^2c^6d^2e^6 - 18432a^6b^4c^6d^2e^6$$
$$-18432a^4b^6c^6d^2e^6 - 2560a^2b^8c^6d^2e^6 - 512b^{10}c^6d^2e^6$$
$$-2560a^6b^2c^8d^2e^6 + 8192a^4b^4c^8d^2e^6 - 2560a^2b^6c^8d^2e^6$$
$$-512a^6c^{10}d^2e^6 - 1536a^4b^2c^{10}d^2e^6 - 1536a^2b^4c^{10}d^2e^6$$
$$-512b^6c^{10}d^2e^6 - 1536a^{10}b^2c^2d^4e^6 + 8192a^8b^4c^2d^4e^6$$
$$-18432a^6b^6c^2d^4e^6 + 8192a^4b^8c^2d^4e^6 - 1536a^2b^{10}c^2d^4e^6$$
$$+8192a^8b^2c^4d^4e^6 - 38912a^6b^4c^4d^4e^6 - 38912a^4b^6c^4d^4e^6$$
$$+8192a^2b^8c^4d^4e^6 - 18432a^6b^2c^6d^4e^6 - 38912a^4b^4c^6d^4e^6$$
$$-18432a^2b^6c^6d^4e^6 + 8192a^4b^2c^8d^4e^6 + 8192a^2b^4c^8d^4e^6$$

$$-1536a^2b^2c^{10}d^4e^6 - 512a^{10}b^2d^6e^6 - 2048a^6b^6d^6e^6$$
$$-512a^2b^{10}d^6e^6 - 512a^{10}c^2d^6e^6 - 2560a^8b^2c^2d^6e^6$$
$$-18432a^6b^4c^2d^6e^6 - 18432a^4b^6c^2d^6e^6 - 2560a^2b^8c^2d^6e^6$$
$$-512b^{10}c^2d^6e^6 - 18432a^6b^2c^4d^6e^6 - 38912a^4b^4c^4d^6e^6$$
$$-18432a^2b^6c^4d^6e^6 - 2048a^6c^6d^6e^6 - 18432a^4b^2c^6d^6e^6$$
$$-18432a^2b^4c^6d^6e^6 - 2048b^6c^6d^6e^6 - 2560a^2b^2c^8d^6e^6$$
$$-512a^2c^{10}d^6e^6 - 512b^2c^{10}d^6e^6 - 2560a^6b^2c^2d^8e^6$$
$$+8192a^4b^4c^2d^8e^6 - 2560a^2b^6c^2d^8e^6 + 8192a^4b^2c^4d^8e^6$$
$$+8192a^2b^4c^4d^8e^6 - 2560a^2b^2c^6d^8e^6 - 512a^6b^2d^{10}e^6$$
$$-512a^2b^6d^{10}e^6 - 512a^6c^2d^{10}e^6 - 1536a^4b^2c^2d^{10}e^6$$
$$-1536a^2b^4c^2d^{10}e^6 - 512b^6c^2d^{10}e^6 - 1536a^2b^2c^4d^{10}e^6$$
$$-512a^2c^6d^{10}e^6 - 512b^2c^6d^{10}e^6 + 256a^8b^8e^8$$
$$+1024a^8b^4c^4e^8 + 1024a^4b^8c^4e^8 + 256a^8c^8e^8$$
$$+1024a^4b^4c^8e^8 + 256b^8c^8e^8 + 4096a^8b^4c^2d^2e^8$$
$$-2560a^6b^6c^2d^2e^8 + 4096a^4b^8c^2d^2e^8 + 4096a^8b^2c^4d^2e^8$$
$$+8192a^6b^4c^4d^2e^8 + 8192a^4b^6c^4d^2e^8 + 4096a^2b^8c^4d^2e^8$$
$$-2560a^6b^2c^6d^2e^8 + 8192a^4b^4c^6d^2e^8 - 2560a^2b^6c^6d^2e^8$$
$$+4096a^4b^2c^8d^2e^8 + 4096a^2b^4c^8d^2e^8 + 1024a^8b^4d^4e^8$$
$$+1024a^4b^8d^4e^8 + 4096a^8b^2c^2d^4e^8 + 8192a^6b^4c^2d^4e^8$$
$$+8192a^4b^6c^2d^4e^8 + 4096a^2b^8c^2d^4e^8 + 1024a^8c^4d^4e^8$$
$$+8192a^6b^2c^4d^4e^8 + 22272a^4b^4c^4d^4e^8 + 8192a^2b^6c^4d^4e^8$$
$$+1024b^8c^4d^4e^8 + 8192a^4b^2c^6d^4e^8 + 8192a^2b^4c^6d^4e^8$$
$$+1024a^4c^8d^4e^8 + 4096a^2b^2c^8d^4e^8 + 1024b^4c^8d^4e^8$$
$$-2560a^6b^2c^2d^6e^8 + 8192a^4b^4c^2d^6e^8 - 2560a^2b^6c^2d^6e^8$$
$$+8192a^4b^2c^4d^6e^8 + 8192a^2b^4c^4d^6e^8 - 2560a^2b^2c^6d^6e^8$$
$$+256a^8d^8e^8 + 1024a^4b^4d^8e^8 + 256b^8d^8e^8$$
$$+4096a^4b^2c^2d^8e^8 + 4096a^2b^4c^2d^8e^8 + 1024a^4c^4d^8e^8$$
$$+4096a^2b^2c^4d^8e^8 + 1024b^4c^4d^8e^8 + 256c^8d^8e^8$$
$$-512a^6b^6c^2e^{10} - 512a^6b^2c^6e^{10} - 512a^2b^6c^6e^{10}$$

$$-512a^6b^6d^2e^{10} - 1536a^6b^4c^2d^2e^{10} - 1536a^4b^6c^2d^2e^{10}$$
$$-1536a^6b^2c^4d^2e^{10} - 1536a^2b^6c^4d^2e^{10} - 512a^6c^6d^2e^{10}$$
$$-1536a^4b^2c^6d^2e^{10} - 1536a^2b^4c^6d^2e^{10} - 512b^6c^6d^2e^{10}$$
$$-1536a^6b^2c^2d^4e^{10} - 1536a^2b^6c^2d^4e^{10} - 1536a^2b^2c^6d^4e^{10}$$
$$-512a^6b^2d^6e^{10} - 512a^2b^6d^6e^{10} - 512a^6c^2d^6e^{10}$$
$$-1536a^4b^2c^2d^6e^{10} - 1536a^2b^4c^2d^6e^{10} - 512b^6c^2d^6e^{10}$$
$$-1536a^2b^2c^4d^6e^{10} - 512a^2c^6d^6e^{10} - 512b^2c^6d^6e^{10}$$
$$+256a^4b^4c^4e^{12} + 256a^4b^4d^4e^{12} + 256a^4c^4d^4e^{12}$$
$$+256b^4c^4d^4e^{12})x^3 + (256a^{10}b^6c^6 - 512a^8b^8c^6$$
$$+256a^6b^{10}c^6 - 512a^8b^6c^8 - 512a^6b^8c^8$$
$$+256a^6b^6c^{10} - 256a^{12}b^4c^4d^2 + 768a^{10}b^6c^4d^2$$
$$-1024a^8b^8c^4d^2 + 768a^6b^{10}c^4d^2 - 256a^4b^{12}c^4d^2$$
$$+768a^{10}b^4c^6d^2 + 1280a^8b^6c^6d^2 + 1280a^6b^8c^6d^2$$
$$+768a^4b^{10}c^6d^2 - 1024a^8b^4c^8d^2 + 1280a^6b^6c^8d^2$$
$$-1024a^4b^8c^8d^2 + 768a^6b^4c^{10}d^2 + 768a^4b^6c^{10}d^2$$
$$-256a^4b^4c^{12}d^2 - 256a^{12}b^4c^2d^4 + 768a^{10}b^6c^2d^4$$
$$-1024a^8b^8c^2d^4 + 768a^6b^{10}c^2d^4 - 256a^4b^{12}c^2d^4$$
$$-256a^{12}b^2c^4d^4 - 768a^{10}b^4c^4d^4 - 2048a^8b^6c^4d^4$$
$$-2048a^6b^8c^4d^4 - 768a^4b^{10}c^4d^4 - 256a^2b^{12}c^4d^4$$
$$+768a^{10}b^2c^6d^4 - 2048a^8b^4c^6d^4 + 3072a^6b^6c^6d^4$$
$$-2048a^4b^8c^6d^4 + 768a^2b^{10}c^6d^4 - 1024a^8b^2c^8d^4$$
$$-2048a^6b^4c^8d^4 - 2048a^4b^6c^8d^4 - 1024a^2b^8c^8d^4$$
$$+768a^6b^2c^{10}d^4 - 768a^4b^4c^{10}d^4 + 768a^2b^6c^{10}d^4$$
$$-256a^4b^2c^{12}d^4 - 256a^2b^4c^{12}d^4 + 256a^{10}b^6d^6$$
$$-512a^8b^8d^6 + 256a^6b^{10}d^6 + 768a^{10}b^4c^2d^6$$
$$+1280a^8b^6c^2d^6 + 1280a^6b^8c^2d^6 + 768a^4b^{10}c^2d^6$$
$$+768a^{10}b^2c^4d^6 - 2048a^8b^4c^4d^6 + 3072a^6b^6c^4d^6$$
$$-2048a^4b^8c^4d^6 + 768a^2b^{10}c^4d^6 + 256a^{10}c^6d^6$$
$$+1280a^8b^2c^6d^6 + 3072a^6b^4c^6d^6 + 3072a^4b^6c^6d^6$$

$$+1280a^2b^8c^6d^6 + 256b^{10}c^6d^6 - 512a^8c^8d^6$$
$$+1280a^6b^2c^8d^6 - 2048a^4b^4c^8d^6 + 1280a^2b^6c^8d^6$$
$$-512b^8c^8d^6 + 256a^6c^{10}d^6 + 768a^4b^2c^{10}d^6$$
$$+768a^2b^4c^{10}d^6 + 256b^6c^{10}d^6 - 512a^8b^6d^8$$
$$-512a^6b^8d^8 - 1024a^8b^4c^2d^8 + 1280a^6b^6c^2d^8$$
$$-1024a^4b^8c^2d^8 - 1024a^8b^2c^4d^8 - 2048a^6b^4c^4d^8$$
$$-2048a^4b^6c^4d^8 - 1024a^2b^8c^4d^8 - 512a^8c^6d^8$$
$$+1280a^6b^2c^6d^8 - 2048a^4b^4c^6d^8 + 1280a^2b^6c^6d^8$$
$$-512b^8c^6d^8 - 512a^6c^8d^8 - 1024a^4b^2c^8d^8$$
$$-1024a^2b^4c^8d^8 - 512b^6c^8d^8 + 256a^6b^6d^{10}$$
$$+768a^6b^4c^2d^{10} + 768a^4b^6c^2d^{10} + 768a^6b^2c^4d^{10}$$
$$-768a^4b^4c^4d^{10} + 768a^2b^6c^4d^{10} + 256a^6c^6d^{10}$$
$$+768a^4b^2c^6d^{10} + 768a^2b^4c^6d^{10} + 256b^6c^6d^{10}$$
$$-256a^4b^4c^2d^{12} - 256a^4b^2c^4d^{12} - 256a^2b^4c^4d^{12}$$
$$-256a^{12}b^4c^4e^2 + 768a^{10}b^6c^4e^2 - 1024a^8b^8c^4e^2$$
$$+768a^6b^{10}c^4e^2 - 256a^4b^{12}c^4e^2 + 768a^{10}b^4c^6e^2$$
$$+1280a^8b^6c^6e^2 + 1280a^6b^8c^6e^2 + 768a^4b^{10}c^6e^2$$
$$-1024a^8b^4c^8e^2 + 1280a^6b^6c^8e^2 - 1024a^4b^8c^8e^2$$
$$+768a^6b^4c^{10}e^2 + 768a^4b^6c^{10}e^2 - 256a^4b^4c^{12}e^2$$
$$+64a^{14}b^2c^2d^2e^2 + 1984a^{10}b^6c^2d^2e^2 - 4096a^8b^8c^2d^2e^2$$
$$+1984a^6b^{10}c^2d^2e^2 + 64a^2b^{14}c^2d^2e^2 + 2304a^{10}b^4c^4d^2e^2$$
$$-4352a^8b^6c^4d^2e^2 - 4352a^6b^8c^4d^2e^2 + 2304a^4b^{10}c^4d^2e^2$$
$$+1984a^{10}b^2c^6d^2e^2 - 4352a^8b^4c^6d^2e^2 + 16000a^6b^6c^6d^2e^2$$
$$-4352a^4b^8c^6d^2e^2 + 1984a^2b^{10}c^6d^2e^2 - 4096a^8b^2c^8d^2e^2$$
$$-4352a^6b^4c^8d^2e^2 - 4352a^4b^6c^8d^2e^2 - 4096a^2b^8c^8d^2e^2$$
$$+1984a^6b^2c^{10}d^2e^2 + 2304a^4b^4c^{10}d^2e^2 + 1984a^2b^6c^{10}d^2e^2$$
$$+64a^2b^2c^{14}d^2e^2 - 256a^{12}b^4d^4e^2 + 768a^{10}b^6d^4e^2$$
$$-1024a^8b^8d^4e^2 + 768a^6b^{10}d^4e^2 - 256a^4b^{12}d^4e^2$$
$$+2304a^{10}b^4c^2d^4e^2 - 4352a^8b^6c^2d^4e^2 - 4352a^6b^8c^2d^4e^2$$

$$+2304a^4b^{10}c^2d^4e^2 - 256a^{12}c^4d^4e^2 + 2304a^{10}b^2c^4d^4e^2$$
$$-18176a^8b^4c^4d^4e^2 + 11264a^6b^6c^4d^4e^2 - 18176a^4b^8c^4d^4e^2$$
$$+2304a^2b^{10}c^4d^4e^2 - 256b^{12}c^4d^4e^2 + 768a^{10}c^6d^4e^2$$
$$-4352a^8b^2c^6d^4e^2 + 11264a^6b^4c^6d^4e^2 + 11264a^4b^6c^6d^4e^2$$
$$-4352a^2b^8c^6d^4e^2 + 768b^{10}c^6d^4e^2 - 1024a^8c^8d^4e^2$$
$$-4352a^6b^2c^8d^4e^2 - 18176a^4b^4c^8d^4e^2 - 4352a^2b^6c^8d^4e^2$$
$$-1024b^8c^8d^4e^2 + 768a^6c^{10}d^4e^2 + 2304a^4b^2c^{10}d^4e^2$$
$$+2304a^2b^4c^{10}d^4e^2 + 768b^6c^{10}d^4e^2 - 256a^4c^{12}d^4e^2$$
$$-256b^4c^{12}d^4e^2 + 768a^{10}b^4d^6e^2 + 1280a^8b^6d^6e^2$$
$$+1280a^6b^8d^6e^2 + 768a^4b^{10}d^6e^2 + 1984a^{10}b^2c^2d^6e^2$$
$$-4352a^8b^4c^2d^6e^2 + 16000a^6b^6c^2d^6e^2 - 4352a^4b^8c^2d^6e^2$$
$$+1984a^2b^{10}c^2d^6e^2 + 768a^{10}c^4d^6e^2 - 4352a^8b^2c^4d^6e^2$$
$$+11264a^6b^4c^4d^6e^2 + 11264a^4b^6c^4d^6e^2 - 4352a^2b^8c^4d^6e^2$$
$$+768b^{10}c^4d^6e^2 + 1280a^8c^6d^6e^2 + 16000a^6b^2c^6d^6e^2$$
$$+11264a^4b^4c^6d^6e^2 + 16000a^2b^6c^6d^6e^2 + 1280b^8c^6d^6e^2$$
$$+1280a^6c^8d^6e^2 - 4352a^4b^2c^8d^6e^2 - 4352a^2b^4c^8d^6e^2$$
$$+1280b^6c^8d^6e^2 + 768a^4c^{10}d^6e^2 + 1984a^2b^2c^{10}d^6e^2$$
$$+768b^4c^{10}d^6e^2 - 1024a^8b^4d^8e^2 + 1280a^6b^6d^8e^2$$
$$-1024a^4b^8d^8e^2 - 4096a^8b^2c^2d^8e^2 - 4352a^6b^4c^2d^8e^2$$
$$-4352a^4b^6c^2d^8e^2 - 4096a^2b^8c^2d^8e^2 - 1024a^8c^4d^8e^2$$
$$-4352a^6b^2c^4d^8e^2 - 18176a^4b^4c^4d^8e^2 - 4352a^2b^6c^4d^8e^2$$
$$-1024b^8c^4d^8e^2 + 1280a^6c^6d^8e^2 - 4352a^4b^2c^6d^8e^2$$
$$-4352a^2b^4c^6d^8e^2 + 1280b^6c^6d^8e^2 - 1024a^4c^8d^8e^2$$
$$-4096a^2b^2c^8d^8e^2 - 1024b^4c^8d^8e^2 + 768a^6b^4d^{10}e^2$$
$$+768a^4b^6d^{10}e^2 + 1984a^6b^2c^2d^{10}e^2 + 2304a^4b^4c^2d^{10}e^2$$
$$+1984a^2b^6c^2d^{10}e^2 + 768a^6c^4d^{10}e^2 + 2304a^4b^2c^4d^{10}e^2$$
$$+2304a^2b^4c^4d^{10}e^2 + 768b^6c^4d^{10}e^2 + 768a^4c^6d^{10}e^2$$
$$+1984a^2b^2c^6d^{10}e^2 + 768b^4c^6d^{10}e^2 - 256a^4b^4d^{12}e^2$$
$$-256a^4c^4d^{12}e^2 - 256b^4c^4d^{12}e^2 + 64a^2b^2c^2d^{14}e^2$$

$$-256a^{12}b^4c^2e^4 + 768a^{10}b^6c^2e^4 - 1024a^8b^8c^2e^4$$
$$+768a^6b^{10}c^2e^4 - 256a^4b^{12}c^2e^4 - 256a^{12}b^2c^4e^4$$
$$-768a^{10}b^4c^4e^4 - 2048a^8b^6c^4e^4 - 2048a^6b^8c^4e^4$$
$$-768a^4b^{10}c^4e^4 - 256a^2b^{12}c^4e^4 + 768a^{10}b^2c^6e^4$$
$$-2048a^8b^4c^6e^4 + 3072a^6b^6c^6e^4 - 2048a^4b^8c^6e^4$$
$$+768a^2b^{10}c^6e^4 - 1024a^8b^2c^8e^4 - 2048a^6b^4c^8e^4$$
$$-2048a^4b^6c^8e^4 - 1024a^2b^8c^8e^4 + 768a^6b^2c^{10}e^4$$
$$-768a^4b^4c^{10}e^4 + 768a^2b^6c^{10}e^4 - 256a^4b^2c^{12}e^4$$
$$-256a^2b^4c^{12}e^4 - 256a^{12}b^4d^2e^4 + 768a^{10}b^6d^2e^4$$
$$-1024a^8b^8d^2e^4 + 768a^6b^{10}d^2e^4 - 256a^4b^{12}d^2e^4$$
$$+2304a^{10}b^4c^2d^2e^4 - 4352a^8b^6c^2d^2e^4 - 4352a^6b^8c^2d^2e^4$$
$$+2304a^4b^{10}c^2d^2e^4 - 256a^{12}c^4d^2e^4 + 2304a^{10}b^2c^4d^2e^4$$
$$-18176a^8b^4c^4d^2e^4 + 11264a^6b^6c^4d^2e^4 - 18176a^4b^8c^4d^2e^4$$
$$+2304a^2b^{10}c^4d^2e^4 - 256b^{12}c^4d^2e^4 + 768a^{10}c^6d^2e^4$$
$$-4352a^8b^2c^6d^2e^4 + 11264a^6b^4c^6d^2e^4 + 11264a^4b^6c^6d^2e^4$$
$$-4352a^2b^8c^6d^2e^4 + 768b^{10}c^6d^2e^4 - 1024a^8c^8d^2e^4$$
$$-4352a^6b^2c^8d^2e^4 - 18176a^4b^4c^8d^2e^4 - 4352a^2b^6c^8d^2e^4$$
$$-1024b^8c^8d^2e^4 + 768a^6c^{10}d^2e^4 + 2304a^4b^2c^{10}d^2e^4$$
$$+2304a^2b^4c^{10}d^2e^4 + 768b^6c^{10}d^2e^4 - 256a^4c^{12}d^2e^4$$
$$-256b^4c^{12}d^2e^4 - 256a^{12}b^2d^4e^4 - 768a^{10}b^4d^4e^4$$
$$-2048a^8b^6d^4e^4 - 2048a^6b^8d^4e^4 - 768a^4b^{10}d^4e^4$$
$$-256a^2b^{12}d^4e^4 - 256a^{12}c^2d^4e^4 + 2304a^{10}b^2c^2d^4e^4$$
$$-18176a^8b^4c^2d^4e^4 + 11264a^6b^6c^2d^4e^4 - 18176a^4b^8c^2d^4e^4$$
$$+2304a^2b^{10}c^2d^4e^4 - 256b^{12}c^2d^4e^4 - 768a^{10}c^4d^4e^4$$
$$-18176a^8b^2c^4d^4e^4 + 38400a^6b^4c^4d^4e^4 + 38400a^4b^6c^4d^4e^4$$
$$-18176a^2b^8c^4d^4e^4 - 768b^{10}c^4d^4e^4 - 2048a^8c^6d^4e^4$$
$$+11264a^6b^2c^6d^4e^4 + 38400a^4b^4c^6d^4e^4 + 11264a^2b^6c^6d^4e^4$$
$$-2048b^8c^6d^4e^4 - 2048a^6c^8d^4e^4 - 18176a^4b^2c^8d^4e^4$$
$$-18176a^2b^4c^8d^4e^4 - 2048b^6c^8d^4e^4 - 768a^4c^{10}d^4e^4$$

$$+2304a^2b^2c^{10}d^4e^4 - 768b^4c^{10}d^4e^4 - 256a^2c^{12}d^4e^4$$
$$-256b^2c^{12}d^4e^4 + 768a^{10}b^2d^6e^4 - 2048a^8b^4d^6e^4$$
$$+3072a^6b^6d^6e^4 - 2048a^4b^8d^6e^4 + 768a^2b^{10}d^6e^4$$
$$+768a^{10}c^2d^6e^4 - 4352a^8b^2c^2d^6e^4 + 11264a^6b^4c^2d^6e^4$$
$$+11264a^4b^6c^2d^6e^4 - 4352a^2b^8c^2d^6e^4 + 768b^{10}c^2d^6e^4$$
$$-2048a^8c^4d^6e^4 + 11264a^6b^2c^4d^6e^4 + 38400a^4b^4c^4d^6e^4$$
$$+11264a^2b^6c^4d^6e^4 - 2048b^8c^4d^6e^4 + 3072a^6c^6d^6e^4$$
$$+11264a^4b^2c^6d^6e^4 + 11264a^2b^4c^6d^6e^4 + 3072b^6c^6d^6e^4$$
$$-2048a^4c^8d^6e^4 - 4352a^2b^2c^8d^6e^4 - 2048b^4c^8d^6e^4$$
$$+768a^2c^{10}d^6e^4 + 768b^2c^{10}d^6e^4 - 1024a^8b^2d^8e^4$$
$$-2048a^6b^4d^8e^4 - 2048a^4b^6d^8e^4 - 1024a^2b^8d^8e^4$$
$$-1024a^8c^2d^8e^4 - 4352a^6b^2c^2d^8e^4 - 18176a^4b^4c^2d^8e^4$$
$$-4352a^2b^6c^2d^8e^4 - 1024b^8c^2d^8e^4 - 2048a^6c^4d^8e^4$$
$$-18176a^4b^2c^4d^8e^4 - 18176a^2b^4c^4d^8e^4 - 2048b^6c^4d^8e^4$$
$$-2048a^4c^6d^8e^4 - 4352a^2b^2c^6d^8e^4 - 2048b^4c^6d^8e^4$$
$$-1024a^2c^8d^8e^4 - 1024b^2c^8d^8e^4 + 768a^6b^2d^{10}e^4$$
$$-768a^4b^4d^{10}e^4 + 768a^2b^6d^{10}e^4 + 768a^6c^2d^{10}e^4$$
$$+2304a^4b^2c^2d^{10}e^4 + 2304a^2b^4c^2d^{10}e^4 + 768b^6c^2d^{10}e^4$$
$$-768a^4c^4d^{10}e^4 + 2304a^2b^2c^4d^{10}e^4 - 768b^4c^4d^{10}e^4$$
$$+768a^2c^6d^{10}e^4 + 768b^2c^6d^{10}e^4 - 256a^4b^2d^{12}e^4$$
$$-256a^2b^4d^{12}e^4 - 256a^4c^2d^{12}e^4 - 256b^4c^2d^{12}e^4$$
$$-256a^2c^4d^{12}e^4 - 256b^2c^4d^{12}e^4 + 256a^{10}b^6e^6$$
$$-512a^8b^8e^6 + 256a^6b^{10}e^6 + 768a^{10}b^4c^2e^6$$
$$+1280a^8b^6c^2e^6 + 1280a^6b^8c^2e^6 + 768a^4b^{10}c^2e^6$$
$$+768a^{10}b^2c^4e^6 - 2048a^8b^4c^4e^6 + 3072a^6b^6c^4e^6$$
$$-2048a^4b^8c^4e^6 + 768a^2b^{10}c^4e^6 + 256a^{10}c^6e^6$$
$$+1280a^8b^2c^6e^6 + 3072a^6b^4c^6e^6 + 3072a^4b^6c^6e^6$$
$$+1280a^2b^8c^6e^6 + 256b^{10}c^6e^6 - 512a^8c^8e^6$$
$$+1280a^6b^2c^8e^6 - 2048a^4b^4c^8e^6 + 1280a^2b^6c^8e^6$$

3 研幾算法から

$-512b^8c^8e^6 + 256a^6c^{10}e^6 + 768a^4b^2c^{10}e^6$
$+768a^2b^4c^{10}e^6 + 256b^6c^{10}e^6 + 768a^{10}b^4d^2e^6$
$+1280a^8b^6d^2e^6 + 1280a^6b^8d^2e^6 + 768a^4b^{10}d^2e^6$
$+1984a^{10}b^2c^2d^2e^6 - 4352a^8b^4c^2d^2e^6 + 16000a^6b^6c^2d^2e^6$
$-4352a^4b^8c^2d^2e^6 + 1984a^2b^{10}c^2d^2e^6 + 768a^{10}c^4d^2e^6$
$-4352a^8b^2c^4d^2e^6 + 11264a^6b^4c^4d^2e^6 + 11264a^4b^6c^4d^2e^6$
$-4352a^2b^8c^4d^2e^6 + 768b^{10}c^4d^2e^6 + 1280a^8c^6d^2e^6$
$+16000a^6b^2c^6d^2e^6 + 11264a^4b^4c^6d^2e^6 + 16000a^2b^6c^6d^2e^6$
$+1280b^8c^6d^2e^6 + 1280a^6c^8d^2e^6 - 4352a^4b^2c^8d^2e^6$
$-4352a^2b^4c^8d^2e^6 + 1280b^6c^8d^2e^6 + 768a^4c^{10}d^2e^6$
$+1984a^2b^2c^{10}d^2e^6 + 768b^4c^{10}d^2e^6 + 768a^{10}b^2d^4e^6$
$-2048a^8b^4d^4e^6 + 3072a^6b^6d^4e^6 - 2048a^4b^8d^4e^6$
$+768a^2b^{10}d^4e^6 + 768a^{10}c^2d^4e^6 - 4352a^8b^2c^2d^4e^6$
$+11264a^6b^4c^2d^4e^6 + 11264a^4b^6c^2d^4e^6 - 4352a^2b^8c^2d^4e^6$
$+768b^{10}c^2d^4e^6 - 2048a^8c^4d^4e^6 + 11264a^6b^2c^4d^4e^6$
$+38400a^4b^4c^4d^4e^6 + 11264a^2b^6c^4d^4e^6 - 2048b^8c^4d^4e^6$
$+3072a^6c^6d^4e^6 + 11264a^4b^2c^6d^4e^6 + 11264a^2b^4c^6d^4e^6$
$+3072b^6c^6d^4e^6 - 2048a^4c^8d^4e^6 - 4352a^2b^2c^8d^4e^6$
$-2048b^4c^8d^4e^6 + 768a^2c^{10}d^4e^6 + 768b^2c^{10}d^4e^6$
$+256a^{10}d^6e^6 + 1280a^8b^2d^6e^6 + 3072a^6b^4d^6e^6$
$+3072a^4b^6d^6e^6 + 1280a^2b^8d^6e^6 + 256b^{10}d^6e^6$
$+1280a^8c^2d^6e^6 + 16000a^6b^2c^2d^6e^6 + 11264a^4b^4c^2d^6e^6$
$+16000a^2b^6c^2d^6e^6 + 1280b^8c^2d^6e^6 + 3072a^6c^4d^6e^6$
$+11264a^4b^2c^4d^6e^6 + 11264a^2b^4c^4d^6e^6 + 3072b^6c^4d^6e^6$
$+3072a^4c^6d^6e^6 + 16000a^2b^2c^6d^6e^6 + 3072b^4c^6d^6e^6$
$+1280a^2c^8d^6e^6 + 1280b^2c^8d^6e^6 + 256c^{10}d^6e^6$
$-512a^8d^8e^6 + 1280a^6b^2d^8e^6 - 2048a^4b^4d^8e^6$
$+1280a^2b^6d^8e^6 - 512b^8d^8e^6 + 1280a^6c^2d^8e^6$
$-4352a^4b^2c^2d^8e^6 - 4352a^2b^4c^2d^8e^6 + 1280b^6c^2d^8e^6$

$$-2048a^4c^4d^8e^6 - 4352a^2b^2c^4d^8e^6 - 2048b^4c^4d^8e^6$$
$$+1280a^2c^6d^8e^6 + 1280b^2c^6d^8e^6 - 512c^8d^8e^6$$
$$+256a^6d^{10}e^6 + 768a^4b^2d^{10}e^6 + 768a^2b^4d^{10}e^6$$
$$+256b^6d^{10}e^6 + 768a^4c^2d^{10}e^6 + 1984a^2b^2c^2d^{10}e^6$$
$$+768b^4c^2d^{10}e^6 + 768a^2c^4d^{10}e^6 + 768b^2c^4d^{10}e^6$$
$$+256c^6d^{10}e^6 - 512a^8b^6e^8 - 512a^6b^8e^8$$
$$-1024a^8b^4c^2e^8 + 1280a^6b^6c^2e^8 - 1024a^4b^8c^2e^8$$
$$-1024a^8b^2c^4e^8 - 2048a^6b^4c^4e^8 - 2048a^4b^6c^4e^8$$
$$-1024a^2b^8c^4e^8 - 512a^8c^6e^8 + 1280a^6b^2c^6e^8$$
$$-2048a^4b^4c^6e^8 + 1280a^2b^6c^6e^8 - 512b^8c^6e^8$$
$$-512a^6c^8e^8 - 1024a^4b^2c^8e^8 - 1024a^2b^4c^8e^8$$
$$-512b^6c^8e^8 - 1024a^8b^4d^2e^8 + 1280a^6b^6d^2e^8$$
$$-1024a^4b^8d^2e^8 - 4096a^8b^2c^2d^2e^8 - 4352a^6b^4c^2d^2e^8$$
$$-4352a^4b^6c^2d^2e^8 - 4096a^2b^8c^2d^2e^8 - 1024a^8c^4d^2e^8$$
$$-4352a^6b^2c^4d^2e^8 - 18176a^4b^4c^4d^2e^8 - 4352a^2b^6c^4d^2e^8$$
$$-1024b^8c^4d^2e^8 + 1280a^6c^6d^2e^8 - 4352a^4b^2c^6d^2e^8$$
$$-4352a^2b^4c^6d^2e^8 + 1280b^6c^6d^2e^8 - 1024a^4c^8d^2e^8$$
$$-4096a^2b^2c^8d^2e^8 - 1024b^4c^8d^2e^8 - 1024a^8b^2d^4e^8$$
$$-2048a^6b^4d^4e^8 - 2048a^4b^6d^4e^8 - 1024a^2b^8d^4e^8$$
$$-1024a^8c^2d^4e^8 - 4352a^6b^2c^2d^4e^8 - 18176a^4b^4c^2d^4e^8$$
$$-4352a^2b^6c^2d^4e^8 - 1024b^8c^2d^4e^8 - 2048a^6c^4d^4e^8$$
$$-18176a^4b^2c^4d^4e^8 - 18176a^2b^4c^4d^4e^8 - 2048b^6c^4d^4e^8$$
$$-2048a^4c^6d^4e^8 - 4352a^2b^2c^6d^4e^8 - 2048b^4c^6d^4e^8$$
$$-1024a^2c^8d^4e^8 - 1024b^2c^8d^4e^8 - 512a^8d^6e^8$$
$$+1280a^6b^2d^6e^8 - 2048a^4b^4d^6e^8 + 1280a^2b^6d^6e^8$$
$$-512b^8d^6e^8 + 1280a^6c^2d^6e^8 - 4352a^4b^2c^2d^6e^8$$
$$-4352a^2b^4c^2d^6e^8 + 1280b^6c^2d^6e^8 - 2048a^4c^4d^6e^8$$
$$-4352a^2b^2c^4d^6e^8 - 2048b^4c^4d^6e^8 + 1280a^2c^6d^6e^8$$
$$+1280b^2c^6d^6e^8 - 512c^8d^6e^8 - 512a^6d^8e^8$$

3 研幾算法から

$$
\begin{aligned}
&-1024a^4b^2d^8e^8 - 1024a^2b^4d^8e^8 - 512b^6d^8e^8 \\
&-1024a^4c^2d^8e^8 - 4096a^2b^2c^2d^8e^8 - 1024b^4c^2d^8e^8 \\
&-1024a^2c^4d^8e^8 - 1024b^2c^4d^8e^8 - 512c^6d^8e^8 \\
&+256a^6b^6e^{10} + 768a^6b^4c^2e^{10} + 768a^4b^6c^2e^{10} \\
&+768a^6b^2c^4e^{10} - 768a^4b^4c^4e^{10} + 768a^2b^6c^4e^{10} \\
&+256a^6c^6e^{10} + 768a^4b^2c^6e^{10} + 768a^2b^4c^6e^{10} \\
&+256b^6c^6e^{10} + 768a^6b^4d^2e^{10} + 768a^4b^6d^2e^{10} \\
&+1984a^6b^2c^2d^2e^{10} + 2304a^4b^4c^2d^2e^{10} + 1984a^2b^6c^2d^2e^{10} \\
&+768a^6c^4d^2e^{10} + 2304a^4b^2c^4d^2e^{10} + 2304a^2b^4c^4d^2e^{10} \\
&+768b^6c^4d^2e^{10} + 768a^4c^6d^2e^{10} + 1984a^2b^2c^6d^2e^{10} \\
&+768b^4c^6d^2e^{10} + 768a^6b^2d^4e^{10} - 768a^4b^4d^4e^{10} \\
&+768a^2b^6d^4e^{10} + 768a^6c^2d^4e^{10} + 2304a^4b^2c^2d^4e^{10} \\
&+2304a^2b^4c^2d^4e^{10} + 768b^6c^2d^4e^{10} - 768a^4c^4d^4e^{10} \\
&+2304a^2b^2c^4d^4e^{10} - 768b^4c^4d^4e^{10} + 768a^2c^6d^4e^{10} \\
&+768b^2c^6d^4e^{10} + 256a^6d^6e^{10} + 768a^4b^2d^6e^{10} \\
&+768a^2b^4d^6e^{10} + 256b^6d^6e^{10} + 768a^4c^2d^6e^{10} \\
&+1984a^2b^2c^2d^6e^{10} + 768b^4c^2d^6e^{10} + 768a^2c^4d^6e^{10} \\
&+768b^2c^4d^6e^{10} + 256c^6d^6e^{10} - 256a^4b^4c^2e^{12} \\
&-256a^4b^2c^4e^{12} - 256a^2b^4c^4e^{12} - 256a^4b^4d^2e^{12} \\
&-256a^4c^4d^2e^{12} - 256b^4c^4d^2e^{12} - 256a^4b^2d^4e^{12} \\
&-256a^2b^4d^4e^{12} - 256a^4c^2d^4e^{12} - 256b^4c^2d^4e^{12} \\
&-256a^2c^4d^4e^{12} - 256b^2c^4d^4e^{12} + 64a^2b^2c^2d^2e^{14})x^4 \\
&+(96a^{12}b^4c^4 - 384a^{10}b^6c^4 + 576a^8b^8c^4 \\
&-384a^6b^{10}c^4 + 96a^4b^{12}c^4 - 384a^{10}b^4c^6 \\
&+384a^8b^6c^6 + 384a^6b^8c^6 - 384a^4b^{10}c^6 \\
&+576a^8b^4c^8 + 384a^6b^6c^8 + 576a^4b^8c^8 \\
&-384a^6b^4c^{10} - 384a^4b^6c^{10} + 96a^4b^4c^{12} \\
&-32a^{14}b^2c^2d^2 + 256a^{12}b^4c^2d^2 - 736a^{10}b^6c^2d^2 \\
&+1024a^8b^8c^2d^2 - 736a^6b^{10}c^2d^2 + 256a^4b^{12}c^2d^2
\end{aligned}
$$

$$-32a^2b^{14}c^2d^2 + 256a^{12}b^2c^4d^2 - 384a^{10}b^4c^4d^2$$
$$+128a^8b^6c^4d^2 + 128a^6b^8c^4d^2 - 384a^4b^{10}c^4d^2$$
$$+256a^2b^{12}c^4d^2 - 736a^{10}b^2c^6d^2 + 128a^8b^4c^6d^2$$
$$-4928a^6b^6c^6d^2 + 128a^4b^8c^6d^2 - 736a^2b^{10}c^6d^2$$
$$+1024a^8b^2c^8d^2 + 128a^6b^4c^8d^2 + 128a^4b^6c^8d^2$$
$$+1024a^2b^8c^8d^2 - 736a^6b^2c^{10}d^2 - 384a^4b^4c^{10}d^2$$
$$-736a^2b^6c^{10}d^2 + 256a^4b^2c^{12}d^2 + 256a^2b^4c^{12}d^2$$
$$-32a^2b^2c^{14}d^2 + 96a^{12}b^4d^4 - 384a^{10}b^6d^4$$
$$+576a^8b^8d^4 - 384a^6b^{10}d^4 + 96a^4b^{12}d^4$$
$$+256a^{12}b^2c^2d^4 - 384a^{10}b^4c^2d^4 + 128a^8b^6c^2d^4$$
$$+128a^6b^8c^2d^4 - 384a^4b^{10}c^2d^4 + 256a^2b^{12}c^2d^4$$
$$+96a^{12}c^4d^4 - 384a^{10}b^2c^4d^4 + 5152a^8b^4c^4d^4$$
$$-512a^6b^6c^4d^4 + 5152a^4b^8c^4d^4 - 384a^2b^{10}c^4d^4$$
$$+96b^{12}c^4d^4 - 384a^{10}c^6d^4 + 128a^8b^2c^6d^4$$
$$-512a^6b^4c^6d^4 - 512a^4b^6c^6d^4 + 128a^2b^8c^6d^4$$
$$-384b^{10}c^6d^4 + 576a^8c^8d^4 + 128a^6b^2c^8d^4$$
$$+5152a^4b^4c^8d^4 + 128a^2b^6c^8d^4 + 576b^8c^8d^4$$
$$-384a^6c^{10}d^4 - 384a^4b^2c^{10}d^4 - 384a^2b^4c^{10}d^4$$
$$-384b^6c^{10}d^4 + 96a^4c^{12}d^4 + 256a^2b^2c^{12}d^4$$
$$+96b^4c^{12}d^4 - 384a^{10}b^4d^6 + 384a^8b^6d^6$$
$$+384a^6b^8d^6 - 384a^4b^{10}d^6 - 736a^{10}b^2c^2d^6$$
$$+128a^8b^4c^2d^6 - 4928a^6b^6c^2d^6 + 128a^4b^8c^2d^6$$
$$-736a^2b^{10}c^2d^6 - 384a^{10}c^4d^6 + 128a^8b^2c^4d^6$$
$$-512a^6b^4c^4d^6 - 512a^4b^6c^4d^6 + 128a^2b^8c^4d^6$$
$$-384b^{10}c^4d^6 + 384a^8c^6d^6 - 4928a^6b^2c^6d^6$$
$$-512a^4b^4c^6d^6 - 4928a^2b^6c^6d^6 + 384b^8c^6d^6$$
$$+384a^6c^8d^6 + 128a^4b^2c^8d^6 + 128a^2b^4c^8d^6$$
$$+384b^6c^8d^6 - 384a^4c^{10}d^6 - 736a^2b^2c^{10}d^6$$
$$-384b^4c^{10}d^6 + 576a^8b^4d^8 + 384a^6b^6d^8$$

$$+576a^4b^8d^8 + 1024a^8b^2c^2d^8 + 128a^6b^4c^2d^8$$
$$+128a^4b^6c^2d^8 + 1024a^2b^8c^2d^8 + 576a^8c^4d^8$$
$$+128a^6b^2c^4d^8 + 5152a^4b^4c^4d^8 + 128a^2b^6c^4d^8$$
$$+576b^8c^4d^8 + 384a^6c^6d^8 + 128a^4b^2c^6d^8$$
$$+128a^2b^4c^6d^8 + 384b^6c^6d^8 + 576a^4c^8d^8$$
$$+1024a^2b^2c^8d^8 + 576b^4c^8d^8 - 384a^6b^4d^{10}$$
$$-384a^4b^6d^{10} - 736a^6b^2c^2d^{10} - 384a^4b^4c^2d^{10}$$
$$-736a^2b^6c^2d^{10} - 384a^6c^4d^{10} - 384a^4b^2c^4d^{10}$$
$$-384a^2b^4c^4d^{10} - 384b^6c^4d^{10} - 384a^4c^6d^{10}$$
$$-736a^2b^2c^6d^{10} - 384b^4c^6d^{10} + 96a^4b^4d^{12}$$
$$+256a^4b^2c^2d^{12} + 256a^2b^4c^2d^{12} + 96a^4c^4d^{12}$$
$$+256a^2b^2c^4d^{12} + 96b^4c^4d^{12} - 32a^2b^2c^2d^{14}$$
$$-32a^{14}b^2c^2e^2 + 256a^{12}b^4c^2e^2 - 736a^{10}b^6c^2e^2$$
$$+1024a^8b^8c^2e^2 - 736a^6b^{10}c^2e^2 + 256a^4b^{12}c^2e^2$$
$$-32a^2b^{14}c^2e^2 + 256a^{12}b^2c^4e^2 - 384a^{10}b^4c^4e^2$$
$$+128a^8b^6c^4e^2 + 128a^6b^8c^4e^2 - 384a^4b^{10}c^4e^2$$
$$+256a^2b^{12}c^4e^2 - 736a^{10}b^2c^6e^2 + 128a^8b^4c^6e^2$$
$$-4928a^6b^6c^6e^2 + 128a^4b^8c^6e^2 - 736a^2b^{10}c^6e^2$$
$$+1024a^8b^2c^8e^2 + 128a^6b^4c^8e^2 + 128a^4b^6c^8e^2$$
$$+1024a^2b^8c^8e^2 - 736a^6b^2c^{10}e^2 - 384a^4b^4c^{10}e^2$$
$$-736a^2b^6c^{10}e^2 + 256a^4b^2c^{12}e^2 + 256a^2b^4c^{12}e^2$$
$$-32a^2b^2c^{14}e^2 - 32a^{14}b^2d^2e^2 + 256a^{12}b^4d^2e^2$$
$$-736a^{10}b^6d^2e^2 + 1024a^8b^8d^2e^2 - 736a^6b^{10}d^2e^2$$
$$+256a^4b^{12}d^2e^2 - 32a^2b^{14}d^2e^2 - 32a^{14}c^2d^2e^2$$
$$-224a^{12}b^2c^2d^2e^2 - 2976a^{10}b^4c^2d^2e^2 + 3232a^8b^6c^2d^2e^2$$
$$+3232a^6b^8c^2d^2e^2 - 2976a^4b^{10}c^2d^2e^2 - 224a^2b^{12}c^2d^2e^2$$
$$-32b^{14}c^2d^2e^2 + 256a^{12}c^4d^2e^2 - 2976a^{10}b^2c^4d^2e^2$$
$$+8320a^8b^4c^4d^2e^2 - 5056a^6b^6c^4d^2e^2 + 8320a^4b^8c^4d^2e^2$$
$$-2976a^2b^{10}c^4d^2e^2 + 256b^{12}c^4d^2e^2 - 736a^{10}c^6d^2e^2$$

$$+3232a^8b^2c^6d^2e^2 - 5056a^6b^4c^6d^2e^2 - 5056a^4b^6c^6d^2e^2$$
$$+3232a^2b^8c^6d^2e^2 - 736b^{10}c^6d^2e^2 + 1024a^8c^8d^2e^2$$
$$+3232a^6b^2c^8d^2e^2 + 8320a^4b^4c^8d^2e^2 + 3232a^2b^6c^8d^2e^2$$
$$+1024b^8c^8d^2e^2 - 736a^6c^{10}d^2e^2 - 2976a^4b^2c^{10}d^2e^2$$
$$-2976a^2b^4c^{10}d^2e^2 - 736b^6c^{10}d^2e^2 + 256a^4c^{12}d^2e^2$$
$$-224a^2b^2c^{12}d^2e^2 + 256b^4c^{12}d^2e^2 - 32a^2c^{14}d^2e^2$$
$$-32b^2c^{14}d^2e^2 + 256a^{12}b^2d^4e^2 - 384a^{10}b^4d^4e^2$$
$$+128a^8b^6d^4e^2 + 128a^6b^8d^4e^2 - 384a^4b^{10}d^4e^2$$
$$+256a^2b^{12}d^4e^2 + 256a^{12}c^2d^4e^2 - 2976a^{10}b^2c^2d^4e^2$$
$$+8320a^8b^4c^2d^4e^2 - 5056a^6b^6c^2d^4e^2 + 8320a^4b^8c^2d^4e^2$$
$$-2976a^2b^{10}c^2d^4e^2 + 256b^{12}c^2d^4e^2 - 384a^{10}c^4d^4e^2$$
$$+8320a^8b^2c^4d^4e^2 - 5120a^6b^4c^4d^4e^2 - 5120a^4b^6c^4d^4e^2$$
$$+8320a^2b^8c^4d^4e^2 - 384b^{10}c^4d^4e^2 + 128a^8c^6d^4e^2$$
$$-5056a^6b^2c^6d^4e^2 - 5120a^4b^4c^6d^4e^2 - 5056a^2b^6c^6d^4e^2$$
$$+128b^8c^6d^4e^2 + 128a^6c^8d^4e^2 + 8320a^4b^2c^8d^4e^2$$
$$+8320a^2b^4c^8d^4e^2 + 128b^6c^8d^4e^2 - 384a^4c^{10}d^4e^2$$
$$-2976a^2b^2c^{10}d^4e^2 - 384b^4c^{10}d^4e^2 + 256a^2c^{12}d^4e^2$$
$$+256b^2c^{12}d^4e^2 - 736a^{10}b^2d^6e^2 + 128a^8b^4d^6e^2$$
$$-4928a^6b^6d^6e^2 + 128a^4b^8d^6e^2 - 736a^2b^{10}d^6e^2$$
$$-736a^{10}c^2d^6e^2 + 3232a^8b^2c^2d^6e^2 - 5056a^6b^4c^2d^6e^2$$
$$-5056a^4b^6c^2d^6e^2 + 3232a^2b^8c^2d^6e^2 - 736b^{10}c^2d^6e^2$$
$$+128a^8c^4d^6e^2 - 5056a^6b^2c^4d^6e^2 - 5120a^4b^4c^4d^6e^2$$
$$-5056a^2b^6c^4d^6e^2 + 128b^8c^4d^6e^2 - 4928a^6c^6d^6e^2$$
$$-5056a^4b^2c^6d^6e^2 - 5056a^2b^4c^6d^6e^2 - 4928b^6c^6d^6e^2$$
$$+128a^4c^8d^6e^2 + 3232a^2b^2c^8d^6e^2 + 128b^4c^8d^6e^2$$
$$-736a^2c^{10}d^6e^2 - 736b^2c^{10}d^6e^2 + 1024a^8b^2d^8e^2$$
$$+128a^6b^4d^8e^2 + 128a^4b^6d^8e^2 + 1024a^2b^8d^8e^2$$
$$+1024a^8c^2d^8e^2 + 3232a^6b^2c^2d^8e^2 + 8320a^4b^4c^2d^8e^2$$
$$+3232a^2b^6c^2d^8e^2 + 1024b^8c^2d^8e^2 + 128a^6c^4d^8e^2$$

$$+8320a^4b^2c^4d^8e^2 + 8320a^2b^4c^4d^8e^2 + 128b^6c^4d^8e^2$$
$$+128a^4c^6d^8e^2 + 3232a^2b^2c^6d^8e^2 + 128b^4c^6d^8e^2$$
$$+1024a^2c^8d^8e^2 + 1024b^2c^8d^8e^2 - 736a^6b^2d^{10}e^2$$
$$-384a^4b^4d^{10}e^2 - 736a^2b^6d^{10}e^2 - 736a^6c^2d^{10}e^2$$
$$-2976a^4b^2c^2d^{10}e^2 - 2976a^2b^4c^2d^{10}e^2 - 736b^6c^2d^{10}e^2$$
$$-384a^4c^4d^{10}e^2 - 2976a^2b^2c^4d^{10}e^2 - 384b^4c^4d^{10}e^2$$
$$-736a^2c^6d^{10}e^2 - 736b^2c^6d^{10}e^2 + 256a^4b^2d^{12}e^2$$
$$+256a^2b^4d^{12}e^2 + 256a^4c^2d^{12}e^2 - 224a^2b^2c^2d^{12}e^2$$
$$+256b^4c^2d^{12}e^2 + 256a^2c^4d^{12}e^2 + 256b^2c^4d^{12}e^2$$
$$-32a^2b^2d^{14}e^2 - 32a^2c^2d^{14}e^2 - 32b^2c^2d^{14}e^2$$
$$+96a^{12}b^4e^4 - 384a^{10}b^6e^4 + 576a^8b^8e^4$$
$$-384a^6b^{10}e^4 + 96a^4b^{12}e^4 + 256a^{12}b^2c^2e^4$$
$$-384a^{10}b^4c^2e^4 + 128a^8b^6c^2e^4 + 128a^6b^8c^2e^4$$
$$-384a^4b^{10}c^2e^4 + 256a^2b^{12}c^2e^4 + 96a^{12}c^4e^4$$
$$-384a^{10}b^2c^4e^4 + 5152a^8b^4c^4e^4 - 512a^6b^6c^4e^4$$
$$+5152a^4b^8c^4e^4 - 384a^2b^{10}c^4e^4 + 96b^{12}c^4e^4$$
$$-384a^{10}c^6e^4 + 128a^8b^2c^6e^4 - 512a^6b^4c^6e^4$$
$$-512a^4b^6c^6e^4 + 128a^2b^8c^6e^4 - 384b^{10}c^6e^4$$
$$+576a^8c^8e^4 + 128a^6b^2c^8e^4 + 5152a^4b^4c^8e^4$$
$$+128a^2b^6c^8e^4 + 576b^8c^8e^4 - 384a^6c^{10}e^4$$
$$-384a^4b^2c^{10}e^4 - 384a^2b^4c^{10}e^4 - 384b^6c^{10}e^4$$
$$+96a^4c^{12}e^4 + 256a^2b^2c^{12}e^4 + 96b^4c^{12}e^4$$
$$+256a^{12}b^2d^2e^4 - 384a^{10}b^4d^2e^4 + 128a^8b^6d^2e^4$$
$$+128a^6b^8d^2e^4 - 384a^4b^{10}d^2e^4 + 256a^2b^{12}d^2e^4$$
$$+256a^{12}c^2d^2e^4 - 2976a^{10}b^2c^2d^2e^4 + 8320a^8b^4c^2d^2e^4$$
$$-5056a^6b^6c^2d^2e^4 + 8320a^4b^8c^2d^2e^4 - 2976a^2b^{10}c^2d^2e^4$$
$$+256b^{12}c^2d^2e^4 - 384a^{10}c^4d^2e^4 + 8320a^8b^2c^4d^2e^4$$
$$-5120a^6b^4c^4d^2e^4 - 5120a^4b^6c^4d^2e^4 + 8320a^2b^8c^4d^2e^4$$
$$-384b^{10}c^4d^2e^4 + 128a^8c^6d^2e^4 - 5056a^6b^2c^6d^2e^4$$

$$-5120a^4b^4c^6d^2e^4 - 5056a^2b^6c^6d^2e^4 + 128b^8c^6d^2e^4$$
$$+128a^6c^8d^2e^4 + 8320a^4b^2c^8d^2e^4 + 8320a^2b^4c^8d^2e^4$$
$$+128b^6c^8d^2e^4 - 384a^4c^{10}d^2e^4 - 2976a^2b^2c^{10}d^2e^4$$
$$-384b^4c^{10}d^2e^4 + 256a^2c^{12}d^2e^4 + 256b^2c^{12}d^2e^4$$
$$+96a^{12}d^4e^4 - 384a^{10}b^2d^4e^4 + 5152a^8b^4d^4e^4$$
$$-512a^6b^6d^4e^4 + 5152a^4b^8d^4e^4 - 384a^2b^{10}d^4e^4$$
$$+96b^{12}d^4e^4 - 384a^{10}c^2d^4e^4 + 8320a^8b^2c^2d^4e^4$$
$$-5120a^6b^4c^2d^4e^4 - 5120a^4b^6c^2d^4e^4 + 8320a^2b^8c^2d^4e^4$$
$$-384b^{10}c^2d^4e^4 + 5152a^8c^4d^4e^4 - 5120a^6b^2c^4d^4e^4$$
$$-48768a^4b^4c^4d^4e^4 - 5120a^2b^6c^4d^4e^4 + 5152b^8c^4d^4e^4$$
$$-512a^6c^6d^4e^4 - 5120a^4b^2c^6d^4e^4 - 5120a^2b^4c^6d^4e^4$$
$$-512b^6c^6d^4e^4 + 5152a^4c^8d^4e^4 + 8320a^2b^2c^8d^4e^4$$
$$+5152b^4c^8d^4e^4 - 384a^2c^{10}d^4e^4 - 384b^2c^{10}d^4e^4$$
$$+96c^{12}d^4e^4 - 384a^{10}d^6e^4 + 128a^8b^2d^6e^4$$
$$-512a^6b^4d^6e^4 - 512a^4b^6d^6e^4 + 128a^2b^8d^6e^4$$
$$-384b^{10}d^6e^4 + 128a^8c^2d^6e^4 - 5056a^6b^2c^2d^6e^4$$
$$-5120a^4b^4c^2d^6e^4 - 5056a^2b^6c^2d^6e^4 + 128b^8c^2d^6e^4$$
$$-512a^6c^4d^6e^4 - 5120a^4b^2c^4d^6e^4 - 5120a^2b^4c^4d^6e^4$$
$$-512b^6c^4d^6e^4 - 512a^4c^6d^6e^4 - 5056a^2b^2c^6d^6e^4$$
$$-512b^4c^6d^6e^4 + 128a^2c^8d^6e^4 + 128b^2c^8d^6e^4$$
$$-384c^{10}d^6e^4 + 576a^8d^8e^4 + 128a^6b^2d^8e^4$$
$$+5152a^4b^4d^8e^4 + 128a^2b^6d^8e^4 + 576b^8d^8e^4$$
$$+128a^6c^2d^8e^4 + 8320a^4b^2c^2d^8e^4 + 8320a^2b^4c^2d^8e^4$$
$$+128b^6c^2d^8e^4 + 5152a^4c^4d^8e^4 + 8320a^2b^2c^4d^8e^4$$
$$+5152b^4c^4d^8e^4 + 128a^2c^6d^8e^4 + 128b^2c^6d^8e^4$$
$$+576c^8d^8e^4 - 384a^6d^{10}e^4 - 384a^4b^2d^{10}e^4$$
$$-384a^2b^4d^{10}e^4 - 384b^6d^{10}e^4 - 384a^4c^2d^{10}e^4$$
$$-2976a^2b^2c^2d^{10}e^4 - 384b^4c^2d^{10}e^4 - 384a^2c^4d^{10}e^4$$
$$-384b^2c^4d^{10}e^4 - 384c^6d^{10}e^4 + 96a^4d^{12}e^4$$

$$+256a^2b^2d^{12}e^4 + 96b^4d^{12}e^4 + 256a^2c^2d^{12}e^4$$
$$+256b^2c^2d^{12}e^4 + 96c^4d^{12}e^4 - 384a^{10}b^4e^6$$
$$+384a^8b^6e^6 + 384a^6b^8e^6 - 384a^4b^{10}e^6$$
$$-736a^{10}b^2c^2e^6 + 128a^8b^4c^2e^6 - 4928a^6b^6c^2e^6$$
$$+128a^4b^8c^2e^6 - 736a^2b^{10}c^2e^6 - 384a^{10}c^4e^6$$
$$+128a^8b^2c^4e^6 - 512a^6b^4c^4e^6 - 512a^4b^6c^4e^6$$
$$+128a^2b^8c^4e^6 - 384b^{10}c^4e^6 + 384a^8c^6e^6$$
$$-4928a^6b^2c^6e^6 - 512a^4b^4c^6e^6 - 4928a^2b^6c^6e^6$$
$$+384b^8c^6e^6 + 384a^6c^8e^6 + 128a^4b^2c^8e^6$$
$$+128a^2b^4c^8e^6 + 384b^6c^8e^6 - 384a^4c^{10}e^6$$
$$-736a^2b^2c^{10}e^6 - 384b^4c^{10}e^6 - 736a^{10}b^2d^2e^6$$
$$+128a^8b^4d^2e^6 - 4928a^6b^6d^2e^6 + 128a^4b^8d^2e^6$$
$$-736a^2b^{10}d^2e^6 - 736a^{10}c^2d^2e^6 + 3232a^8b^2c^2d^2e^6$$
$$-5056a^6b^4c^2d^2e^6 - 5056a^4b^6c^2d^2e^6 + 3232a^2b^8c^2d^2e^6$$
$$-736b^{10}c^2d^2e^6 + 128a^8c^4d^2e^6 - 5056a^6b^2c^4d^2e^6$$
$$-5120a^4b^4c^4d^2e^6 - 5056a^2b^6c^4d^2e^6 + 128b^8c^4d^2e^6$$
$$-4928a^6c^6d^2e^6 - 5056a^4b^2c^6d^2e^6 - 5056a^2b^4c^6d^2e^6$$
$$-4928b^6c^6d^2e^6 + 128a^4c^8d^2e^6 + 3232a^2b^2c^8d^2e^6$$
$$+128b^4c^8d^2e^6 - 736a^2c^{10}d^2e^6 - 736b^2c^{10}d^2e^6$$
$$-384a^{10}d^4e^6 + 128a^8b^2d^4e^6 - 512a^6b^4d^4e^6$$
$$-512a^4b^6d^4e^6 + 128a^2b^8d^4e^6 - 384b^{10}d^4e^6$$
$$+128a^8c^2d^4e^6 - 5056a^6b^2c^2d^4e^6 - 5120a^4b^4c^2d^4e^6$$
$$-5056a^2b^6c^2d^4e^6 + 128b^8c^2d^4e^6 - 512a^6c^4d^4e^6$$
$$-5120a^4b^2c^4d^4e^6 - 5120a^2b^4c^4d^4e^6 - 512b^6c^4d^4e^6$$
$$-512a^4c^6d^4e^6 - 5056a^2b^2c^6d^4e^6 - 512b^4c^6d^4e^6$$
$$+128a^2c^8d^4e^6 + 128b^2c^8d^4e^6 - 384c^{10}d^4e^6$$
$$+384a^8d^6e^6 - 4928a^6b^2d^6e^6 - 512a^4b^4d^6e^6$$
$$-4928a^2b^6d^6e^6 + 384b^8d^6e^6 - 4928a^6c^2d^6e^6$$
$$-5056a^4b^2c^2d^6e^6 - 5056a^2b^4c^2d^6e^6 - 4928b^6c^2d^6e^6$$

$$-512a^4c^4d^6e^6 - 5056a^2b^2c^4d^6e^6 - 512b^4c^4d^6e^6$$
$$-4928a^2c^6d^6e^6 - 4928b^2c^6d^6e^6 + 384c^8d^6e^6$$
$$+384a^6d^8e^6 + 128a^4b^2d^8e^6 + 128a^2b^4d^8e^6$$
$$+384b^6d^8e^6 + 128a^4c^2d^8e^6 + 3232a^2b^2c^2d^8e^6$$
$$+128b^4c^2d^8e^6 + 128a^2c^4d^8e^6 + 128b^2c^4d^8e^6$$
$$+384c^6d^8e^6 - 384a^4d^{10}e^6 - 736a^2b^2d^{10}e^6$$
$$-384b^4d^{10}e^6 - 736a^2c^2d^{10}e^6 - 736b^2c^2d^{10}e^6$$
$$-384c^4d^{10}e^6 + 576a^8b^4e^8 + 384a^6b^6e^8$$
$$+576a^4b^8e^8 + 1024a^8b^2c^2e^8 + 128a^6b^4c^2e^8$$
$$+128a^4b^6c^2e^8 + 1024a^2b^8c^2e^8 + 576a^8c^4e^8$$
$$+128a^6b^2c^4e^8 + 5152a^4b^4c^4e^8 + 128a^2b^6c^4e^8$$
$$+576b^8c^4e^8 + 384a^6c^6e^8 + 128a^4b^2c^6e^8$$
$$+128a^2b^4c^6e^8 + 384b^6c^6e^8 + 576a^4c^8e^8$$
$$+1024a^2b^2c^8e^8 + 576b^4c^8e^8 + 1024a^8b^2d^2e^8$$
$$+128a^6b^4d^2e^8 + 128a^4b^6d^2e^8 + 1024a^2b^8d^2e^8$$
$$+1024a^8c^2d^2e^8 + 3232a^6b^2c^2d^2e^8 + 8320a^4b^4c^2d^2e^8$$
$$+3232a^2b^6c^2d^2e^8 + 1024b^8c^2d^2e^8 + 128a^6c^4d^2e^8$$
$$+8320a^4b^2c^4d^2e^8 + 8320a^2b^4c^4d^2e^8 + 128b^6c^4d^2e^8$$
$$+128a^4c^6d^2e^8 + 3232a^2b^2c^6d^2e^8 + 128b^4c^6d^2e^8$$
$$+1024a^2c^8d^2e^8 + 1024b^2c^8d^2e^8 + 576a^8d^4e^8$$
$$+128a^6b^2d^4e^8 + 5152a^4b^4d^4e^8 + 128a^2b^6d^4e^8$$
$$+576b^8d^4e^8 + 128a^6c^2d^4e^8 + 8320a^4b^2c^2d^4e^8$$
$$+8320a^2b^4c^2d^4e^8 + 128b^6c^2d^4e^8 + 5152a^4c^4d^4e^8$$
$$+8320a^2b^2c^4d^4e^8 + 5152b^4c^4d^4e^8 + 128a^2c^6d^4e^8$$
$$+128b^2c^6d^4e^8 + 576c^8d^4e^8 + 384a^6d^6e^8$$
$$+128a^4b^2d^6e^8 + 128a^2b^4d^6e^8 + 384b^6d^6e^8$$
$$+128a^4c^2d^6e^8 + 3232a^2b^2c^2d^6e^8 + 128b^4c^2d^6e^8$$
$$+128a^2c^4d^6e^8 + 128b^2c^4d^6e^8 + 384c^6d^6e^8$$
$$+576a^4d^8e^8 + 1024a^2b^2d^8e^8 + 576b^4d^8e^8$$

$$+1024a^2c^2d^8e^8 + 1024b^2c^2d^8e^8 + 576c^4d^8e^8$$
$$-384a^6b^4e^{10} - 384a^4b^6e^{10} - 736a^6b^2c^2e^{10}$$
$$-384a^4b^4c^2e^{10} - 736a^2b^6c^2e^{10} - 384a^6c^4e^{10}$$
$$-384a^4b^2c^4e^{10} - 384a^2b^4c^4e^{10} - 384b^6c^4e^{10}$$
$$-384a^4c^6e^{10} - 736a^2b^2c^6e^{10} - 384b^4c^6e^{10}$$
$$-736a^6b^2d^2e^{10} - 384a^4b^4d^2e^{10} - 736a^2b^6d^2e^{10}$$
$$-736a^6c^2d^2e^{10} - 2976a^4b^2c^2d^2e^{10} - 2976a^2b^4c^2d^2e^{10}$$
$$-736b^6c^2d^2e^{10} - 384a^4c^4d^2e^{10} - 2976a^2b^2c^4d^2e^{10}$$
$$-384b^4c^4d^2e^{10} - 736a^2c^6d^2e^{10} - 736b^2c^6d^2e^{10}$$
$$-384a^6d^4e^{10} - 384a^4b^2d^4e^{10} - 384a^2b^4d^4e^{10}$$
$$-384b^6d^4e^{10} - 384a^4c^2d^4e^{10} - 2976a^2b^2c^2d^4e^{10}$$
$$-384b^4c^2d^4e^{10} - 384a^2c^4d^4e^{10} - 384b^2c^4d^4e^{10}$$
$$-384c^6d^4e^{10} - 384a^4d^6e^{10} - 736a^2b^2d^6e^{10}$$
$$-384b^4d^6e^{10} - 736a^2c^2d^6e^{10} - 736b^2c^2d^6e^{10}$$
$$-384c^4d^6e^{10} + 96a^4b^4e^{12} + 256a^4b^2c^2e^{12}$$
$$+256a^2b^4c^2e^{12} + 96a^4c^4e^{12} + 256a^2b^2c^4e^{12}$$
$$+96b^4c^4e^{12} + 256a^4b^2d^2e^{12} + 256a^2b^4d^2e^{12}$$
$$+256a^4c^2d^2e^{12} - 224a^2b^2c^2d^2e^{12} + 256b^4c^2d^2e^{12}$$
$$+256a^2c^4d^2e^{12} + 256b^2c^4d^2e^{12} + 96a^4d^4e^{12}$$
$$+256a^2b^2d^4e^{12} + 96b^4d^4e^{12} + 256a^2c^2d^4e^{12}$$
$$+256b^2c^2d^4e^{12} + 96c^4d^4e^{12} - 32a^2b^2c^2e^{14}$$
$$-32a^2b^2d^2e^{14} - 32a^2c^2d^2e^{14} - 32b^2c^2d^2e^{14})x^5$$
$$+(16a^{14}b^2c^2 - 96a^{12}b^4c^2 + 240a^{10}b^6c^2$$
$$-320a^8b^8c^2 + 240a^6b^{10}c^2 - 96a^4b^{12}c^2$$
$$+16a^2b^{14}c^2 - 96a^{12}b^2c^4 + 288a^{10}b^4c^4$$
$$-192a^8b^6c^4 - 192a^6b^8c^4 + 288a^4b^{10}c^4$$
$$-96a^2b^{12}c^4 + 240a^{10}b^2c^6 - 192a^8b^4c^6$$
$$-96a^6b^6c^6 - 192a^4b^8c^6 + 240a^2b^{10}c^6$$
$$-320a^8b^2c^8 - 192a^6b^4c^8 - 192a^4b^6c^8$$

$$-320a^2b^8c^8 + 240a^6b^2c^{10} + 288a^4b^4c^{10}$$
$$+240a^2b^6c^{10} - 96a^4b^2c^{12} - 96a^2b^4c^{12}$$
$$+16a^2b^2c^{14} + 16a^{14}b^2d^2 - 96a^{12}b^4d^2$$
$$+240a^{10}b^6d^2 - 320a^8b^8d^2 + 240a^6b^{10}d^2$$
$$-96a^4b^{12}d^2 + 16a^2b^{14}d^2 + 16a^{14}c^2d^2$$
$$-144a^{12}b^2c^2d^2 + 336a^{10}b^4c^2d^2 - 208a^8b^6c^2d^2$$
$$-208a^6b^8c^2d^2 + 336a^4b^{10}c^2d^2 - 144a^2b^{12}c^2d^2$$
$$+16b^{14}c^2d^2 - 96a^{12}c^4d^2 + 336a^{10}b^2c^4d^2$$
$$-1248a^8b^4c^4d^2 + 2016a^6b^6c^4d^2 - 1248a^4b^8c^4d^2$$
$$+336a^2b^{10}c^4d^2 - 96b^{12}c^4d^2 + 240a^{10}c^6d^2$$
$$-208a^8b^2c^6d^2 + 2016a^6b^4c^6d^2 + 2016a^4b^6c^6d^2$$
$$-208a^2b^8c^6d^2 + 240b^{10}c^6d^2 - 320a^8c^8d^2$$
$$-208a^6b^2c^8d^2 - 1248a^4b^4c^8d^2 - 208a^2b^6c^8d^2$$
$$-320b^8c^8d^2 + 240a^6c^{10}d^2 + 336a^4b^2c^{10}d^2$$
$$+336a^2b^4c^{10}d^2 + 240b^6c^{10}d^2 - 96a^4c^{12}d^2$$
$$-144a^2b^2c^{12}d^2 - 96b^4c^{12}d^2 + 16a^2c^{14}d^2$$
$$+16b^2c^{14}d^2 - 96a^{12}b^2d^4 + 288a^{10}b^4d^4$$
$$-192a^8b^6d^4 - 192a^6b^8d^4 + 288a^4b^{10}d^4$$
$$-96a^2b^{12}d^4 - 96a^{12}c^2d^4 + 336a^{10}b^2c^2d^4$$
$$-1248a^8b^4c^2d^4 + 2016a^6b^6c^2d^4 - 1248a^4b^8c^2d^4$$
$$+336a^2b^{10}c^2d^4 - 96b^{12}c^2d^4 + 288a^{10}c^4d^4$$
$$-1248a^8b^2c^4d^4 - 2112a^6b^4c^4d^4 - 2112a^4b^6c^4d^4$$
$$-1248a^2b^8c^4d^4 + 288b^{10}c^4d^4 - 192a^8c^6d^4$$
$$+2016a^6b^2c^6d^4 - 2112a^4b^4c^6d^4 + 2016a^2b^6c^6d^4$$
$$-192b^8c^6d^4 - 192a^6c^8d^4 - 1248a^4b^2c^8d^4$$
$$-1248a^2b^4c^8d^4 - 192b^6c^8d^4 + 288a^4c^{10}d^4$$
$$+336a^2b^2c^{10}d^4 + 288b^4c^{10}d^4 - 96a^2c^{12}d^4$$
$$-96b^2c^{12}d^4 + 240a^{10}b^2d^6 - 192a^8b^4d^6$$
$$-96a^6b^6d^6 - 192a^4b^8d^6 + 240a^2b^{10}d^6$$

$$+240a^{10}c^2d^6 - 208a^8b^2c^2d^6 + 2016a^6b^4c^2d^6$$
$$+2016a^4b^6c^2d^6 - 208a^2b^8c^2d^6 + 240b^{10}c^2d^6$$
$$-192a^8c^4d^6 + 2016a^6b^2c^4d^6 - 2112a^4b^4c^4d^6$$
$$+2016a^2b^6c^4d^6 - 192b^8c^4d^6 - 96a^6c^6d^6$$
$$+2016a^4b^2c^6d^6 + 2016a^2b^4c^6d^6 - 96b^6c^6d^6$$
$$-192a^4c^8d^6 - 208a^2b^2c^8d^6 - 192b^4c^8d^6$$
$$+240a^2c^{10}d^6 + 240b^2c^{10}d^6 - 320a^8b^2d^8$$
$$-192a^6b^4d^8 - 192a^4b^6d^8 - 320a^2b^8d^8$$
$$-320a^8c^2d^8 - 208a^6b^2c^2d^8 - 1248a^4b^4c^2d^8$$
$$-208a^2b^6c^2d^8 - 320b^8c^2d^8 - 192a^6c^4d^8$$
$$-1248a^4b^2c^4d^8 - 1248a^2b^4c^4d^8 - 192b^6c^4d^8$$
$$-192a^4c^6d^8 - 208a^2b^2c^6d^8 - 192b^4c^6d^8$$
$$-320a^2c^8d^8 - 320b^2c^8d^8 + 240a^6b^2d^{10}$$
$$+288a^4b^4d^{10} + 240a^2b^6d^{10} + 240a^6c^2d^{10}$$
$$+336a^4b^2c^2d^{10} + 336a^2b^4c^2d^{10} + 240b^6c^2d^{10}$$
$$+288a^4c^4d^{10} + 336a^2b^2c^4d^{10} + 288b^4c^4d^{10}$$
$$+240a^2c^6d^{10} + 240b^2c^6d^{10} - 96a^4b^2d^{12}$$
$$-96a^2b^4d^{12} - 96a^4c^2d^{12} - 144a^2b^2c^2d^{12}$$
$$-96b^4c^2d^{12} - 96a^2c^4d^{12} - 96b^2c^4d^{12}$$
$$+16a^2b^2d^{14} + 16a^2c^2d^{14} + 16b^2c^2d^{14}$$
$$+16a^{14}b^2e^2 - 96a^{12}b^4e^2 + 240a^{10}b^6e^2$$
$$-320a^8b^8e^2 + 240a^6b^{10}e^2 - 96a^4b^{12}e^2$$
$$+16a^2b^{14}e^2 + 16a^{14}c^2e^2 - 144a^{12}b^2c^2e^2$$
$$+336a^{10}b^4c^2e^2 - 208a^8b^6c^2e^2 - 208a^6b^8c^2e^2$$
$$+336a^4b^{10}c^2e^2 - 144a^2b^{12}c^2e^2 + 16b^{14}c^2e^2$$
$$-96a^{12}c^4e^2 + 336a^{10}b^2c^4e^2 - 1248a^8b^4c^4e^2$$
$$+2016a^6b^6c^4e^2 - 1248a^4b^8c^4e^2 + 336a^2b^{10}c^4e^2$$
$$-96b^{12}c^4e^2 + 240a^{10}c^6e^2 - 208a^8b^2c^6e^2$$
$$+2016a^6b^4c^6e^2 + 2016a^4b^6c^6e^2 - 208a^2b^8c^6e^2$$

$$+240b^{10}c^6e^2 - 320a^8c^8e^2 - 208a^6b^2c^8e^2$$
$$-1248a^4b^4c^8e^2 - 208a^2b^6c^8e^2 - 320b^8c^8e^2$$
$$+240a^6c^{10}e^2 + 336a^4b^2c^{10}e^2 + 336a^2b^4c^{10}e^2$$
$$+240b^6c^{10}e^2 - 96a^4c^{12}e^2 - 144a^2b^2c^{12}e^2$$
$$-96b^4c^{12}e^2 + 16a^2c^{14}e^2 + 16b^2c^{14}e^2$$
$$+16a^{14}d^2e^2 - 144a^{12}b^2d^2e^2 + 336a^{10}b^4d^2e^2$$
$$-208a^8b^6d^2e^2 - 208a^6b^8d^2e^2 + 336a^4b^{10}d^2e^2$$
$$-144a^2b^{12}d^2e^2 + 16b^{14}d^2e^2 - 144a^{12}c^2d^2e^2$$
$$+2880a^{10}b^2c^2d^2e^2 - 2544a^8b^4c^2d^2e^2 - 384a^6b^6c^2d^2e^2$$
$$-2544a^4b^8c^2d^2e^2 + 2880a^2b^{10}c^2d^2e^2 - 144b^{12}c^2d^2e^2$$
$$+336a^{10}c^4d^2e^2 - 2544a^8b^2c^4d^2e^2 + 160a^6b^4c^4d^2e^2$$
$$+160a^4b^6c^4d^2e^2 - 2544a^2b^8c^4d^2e^2 + 336b^{10}c^4d^2e^2$$
$$-208a^8c^6d^2e^2 - 384a^6b^2c^6d^2e^2 + 160a^4b^4c^6d^2e^2$$
$$-384a^2b^6c^6d^2e^2 - 208b^8c^6d^2e^2 - 208a^6c^8d^2e^2$$
$$-2544a^4b^2c^8d^2e^2 - 2544a^2b^4c^8d^2e^2 - 208b^6c^8d^2e^2$$
$$+336a^4c^{10}d^2e^2 + 2880a^2b^2c^{10}d^2e^2 + 336b^4c^{10}d^2e^2$$
$$-144a^2c^{12}d^2e^2 - 144b^2c^{12}d^2e^2 + 16c^{14}d^2e^2$$
$$-96a^{12}d^4e^2 + 336a^{10}b^2d^4e^2 - 1248a^8b^4d^4e^2$$
$$+2016a^6b^6d^4e^2 - 1248a^4b^8d^4e^2 + 336a^2b^{10}d^4e^2$$
$$-96b^{12}d^4e^2 + 336a^{10}c^2d^4e^2 - 2544a^8b^2c^2d^4e^2$$
$$+160a^6b^4c^2d^4e^2 + 160a^4b^6c^2d^4e^2 - 2544a^2b^8c^2d^4e^2$$
$$+336b^{10}c^2d^4e^2 - 1248a^8c^4d^4e^2 + 160a^6b^2c^4d^4e^2$$
$$+8832a^4b^4c^4d^4e^2 + 160a^2b^6c^4d^4e^2 - 1248b^8c^4d^4e^2$$
$$+2016a^6c^6d^4e^2 + 160a^4b^2c^6d^4e^2 + 160a^2b^4c^6d^4e^2$$
$$+2016b^6c^6d^4e^2 - 1248a^4c^8d^4e^2 - 2544a^2b^2c^8d^4e^2$$
$$-1248b^4c^8d^4e^2 + 336a^2c^{10}d^4e^2 + 336b^2c^{10}d^4e^2$$
$$-96c^{12}d^4e^2 + 240a^{10}d^6e^2 - 208a^8b^2d^6e^2$$
$$+2016a^6b^4d^6e^2 + 2016a^4b^6d^6e^2 - 208a^2b^8d^6e^2$$
$$+240b^{10}d^6e^2 - 208a^8c^2d^6e^2 - 384a^6b^2c^2d^6e^2$$

$$+160a^4b^4c^2d^6e^2 - 384a^2b^6c^2d^6e^2 - 208b^8c^2d^6e^2$$
$$+2016a^6c^4d^6e^2 + 160a^4b^2c^4d^6e^2 + 160a^2b^4c^4d^6e^2$$
$$+2016b^6c^4d^6e^2 + 2016a^4c^6d^6e^2 - 384a^2b^2c^6d^6e^2$$
$$+2016b^4c^6d^6e^2 - 208a^2c^8d^6e^2 - 208b^2c^8d^6e^2$$
$$+240c^{10}d^6e^2 - 320a^8d^8e^2 - 208a^6b^2d^8e^2$$
$$-1248a^4b^4d^8e^2 - 208a^2b^6d^8e^2 - 320b^8d^8e^2$$
$$-208a^6c^2d^8e^2 - 2544a^4b^2c^2d^8e^2 - 2544a^2b^4c^2d^8e^2$$
$$-208b^6c^2d^8e^2 - 1248a^4c^4d^8e^2 - 2544a^2b^2c^4d^8e^2$$
$$-1248b^4c^4d^8e^2 - 208a^2c^6d^8e^2 - 208b^2c^6d^8e^2$$
$$-320c^8d^8e^2 + 240a^6d^{10}e^2 + 336a^4b^2d^{10}e^2$$
$$+336a^2b^4d^{10}e^2 + 240b^6d^{10}e^2 + 336a^4c^2d^{10}e^2$$
$$+2880a^2b^2c^2d^{10}e^2 + 336b^4c^2d^{10}e^2 + 336a^2c^4d^{10}e^2$$
$$+336b^2c^4d^{10}e^2 + 240c^6d^{10}e^2 - 96a^4d^{12}e^2$$
$$-144a^2b^2d^{12}e^2 - 96b^4d^{12}e^2 - 144a^2c^2d^{12}e^2$$
$$-144b^2c^2d^{12}e^2 - 96c^4d^{12}e^2 + 16a^2d^{14}e^2$$
$$+16b^2d^{14}e^2 + 16c^2d^{14}e^2 - 96a^{12}b^2e^4$$
$$+288a^{10}b^4e^4 - 192a^8b^6e^4 - 192a^6b^8e^4$$
$$+288a^4b^{10}e^4 - 96a^2b^{12}e^4 - 96a^{12}c^2e^4$$
$$+336a^{10}b^2c^2e^4 - 1248a^8b^4c^2e^4 + 2016a^6b^6c^2e^4$$
$$-1248a^4b^8c^2e^4 + 336a^2b^{10}c^2e^4 - 96b^{12}c^2e^4$$
$$+288a^{10}c^4e^4 - 1248a^8b^2c^4e^4 - 2112a^6b^4c^4e^4$$
$$-2112a^4b^6c^4e^4 - 1248a^2b^8c^4e^4 + 288b^{10}c^4e^4$$
$$-192a^8c^6e^4 + 2016a^6b^2c^6e^4 - 2112a^4b^4c^6e^4$$
$$+2016a^2b^6c^6e^4 - 192b^8c^6e^4 - 192a^6c^8e^4$$
$$-1248a^4b^2c^8e^4 - 1248a^2b^4c^8e^4 - 192b^6c^8e^4$$
$$+288a^4c^{10}e^4 + 336a^2b^2c^{10}e^4 + 288b^4c^{10}e^4$$
$$-96a^2c^{12}e^4 - 96b^2c^{12}e^4 - 96a^{12}d^2e^4$$
$$+336a^{10}b^2d^2e^4 - 1248a^8b^4d^2e^4 + 2016a^6b^6d^2e^4$$
$$-1248a^4b^8d^2e^4 + 336a^2b^{10}d^2e^4 - 96b^{12}d^2e^4$$

$$+336a^{10}c^2d^2e^4 - 2544a^8b^2c^2d^2e^4 + 160a^6b^4c^2d^2e^4$$

$$+160a^4b^6c^2d^2e^4 - 2544a^2b^8c^2d^2e^4 + 336b^{10}c^2d^2e^4$$

$$-1248a^8c^4d^2e^4 + 160a^6b^2c^4d^2e^4 + 8832a^4b^4c^4d^2e^4$$

$$+160a^2b^6c^4d^2e^4 - 1248b^8c^4d^2e^4 + 2016a^6c^6d^2e^4$$

$$+160a^4b^2c^6d^2e^4 + 160a^2b^4c^6d^2e^4 + 2016b^6c^6d^2e^4$$

$$-1248a^4c^8d^2e^4 - 2544a^2b^2c^8d^2e^4 - 1248b^4c^8d^2e^4$$

$$+336a^2c^{10}d^2e^4 + 336b^2c^{10}d^2e^4 - 96c^{12}d^2e^4$$

$$+288a^{10}d^4e^4 - 1248a^8b^2d^4e^4 - 2112a^6b^4d^4e^4$$

$$-2112a^4b^6d^4e^4 - 1248a^2b^8d^4e^4 + 288b^{10}d^4e^4$$

$$-1248a^8c^2d^4e^4 + 160a^6b^2c^2d^4e^4 + 8832a^4b^4c^2d^4e^4$$

$$+160a^2b^6c^2d^4e^4 - 1248b^8c^2d^4e^4 - 2112a^6c^4d^4e^4$$

$$+8832a^4b^2c^4d^4e^4 + 8832a^2b^4c^4d^4e^4 - 2112b^6c^4d^4e^4$$

$$-2112a^4c^6d^4e^4 + 160a^2b^2c^6d^4e^4 - 2112b^4c^6d^4e^4$$

$$-1248a^2c^8d^4e^4 - 1248b^2c^8d^4e^4 + 288c^{10}d^4e^4$$

$$-192a^8d^6e^4 + 2016a^6b^2d^6e^4 - 2112a^4b^4d^6e^4$$

$$+2016a^2b^6d^6e^4 - 192b^8d^6e^4 + 2016a^6c^2d^6e^4$$

$$+160a^4b^2c^2d^6e^4 + 160a^2b^4c^2d^6e^4 + 2016b^6c^2d^6e^4$$

$$-2112a^4c^4d^6e^4 + 160a^2b^2c^4d^6e^4 - 2112b^4c^4d^6e^4$$

$$+2016a^2c^6d^6e^4 + 2016b^2c^6d^6e^4 - 192c^8d^6e^4$$

$$-192a^6d^8e^4 - 1248a^4b^2d^8e^4 - 1248a^2b^4d^8e^4$$

$$-192b^6d^8e^4 - 1248a^4c^2d^8e^4 - 2544a^2b^2c^2d^8e^4$$

$$-1248b^4c^2d^8e^4 - 1248a^2c^4d^8e^4 - 1248b^2c^4d^8e^4$$

$$-192c^6d^8e^4 + 288a^4d^{10}e^4 + 336a^2b^2d^{10}e^4$$

$$+288b^4d^{10}e^4 + 336a^2c^2d^{10}e^4 + 336b^2c^2d^{10}e^4$$

$$+288c^4d^{10}e^4 - 96a^2d^{12}e^4 - 96b^2d^{12}e^4$$

$$-96c^2d^{12}e^4 + 240a^{10}b^2e^6 - 192a^8b^4e^6$$

$$-96a^6b^6e^6 - 192a^4b^8e^6 + 240a^2b^{10}e^6$$

$$+240a^{10}c^2e^6 - 208a^8b^2c^2e^6 + 2016a^6b^4c^2e^6$$

$$+2016a^4b^6c^2e^6 - 208a^2b^8c^2e^6 + 240b^{10}c^2e^6$$

3 研幾算法から

$-192a^8c^4e^6 + 2016a^6b^2c^4e^6 - 2112a^4b^4c^4e^6$
$+2016a^2b^6c^4e^6 - 192b^8c^4e^6 - 96a^6c^6e^6$
$+2016a^4b^2c^6e^6 + 2016a^2b^4c^6e^6 - 96b^6c^6e^6$
$-192a^4c^8e^6 - 208a^2b^2c^8e^6 - 192b^4c^8e^6$
$+240a^2c^{10}e^6 + 240b^2c^{10}e^6 + 240a^{10}d^2e^6$
$-208a^8b^2d^2e^6 + 2016a^6b^4d^2e^6 + 2016a^4b^6d^2e^6$
$-208a^2b^8d^2e^6 + 240b^{10}d^2e^6 - 208a^8c^2d^2e^6$
$-384a^6b^2c^2d^2e^6 + 160a^4b^4c^2d^2e^6 - 384a^2b^6c^2d^2e^6$
$-208b^8c^2d^2e^6 + 2016a^6c^4d^2e^6 + 160a^4b^2c^4d^2e^6$
$+160a^2b^4c^4d^2e^6 + 2016b^6c^4d^2e^6 + 2016a^4c^6d^2e^6$
$-384a^2b^2c^6d^2e^6 + 2016b^4c^6d^2e^6 - 208a^2c^8d^2e^6$
$-208b^2c^8d^2e^6 + 240c^{10}d^2e^6 - 192a^8d^4e^6$
$+2016a^6b^2d^4e^6 - 2112a^4b^4d^4e^6 + 2016a^2b^6d^4e^6$
$-192b^8d^4e^6 + 2016a^6c^2d^4e^6 + 160a^4b^2c^2d^4e^6$
$+160a^2b^4c^2d^4e^6 + 2016b^6c^2d^4e^6 - 2112a^4c^4d^4e^6$
$+160a^2b^2c^4d^4e^6 - 2112b^4c^4d^4e^6 + 2016a^2c^6d^4e^6$
$+2016b^2c^6d^4e^6 - 192c^8d^4e^6 - 96a^6d^6e^6$
$+2016a^4b^2d^6e^6 + 2016a^2b^4d^6e^6 - 96b^6d^6e^6$
$+2016a^4c^2d^6e^6 - 384a^2b^2c^2d^6e^6 + 2016b^4c^2d^6e^6$
$+2016a^2c^4d^6e^6 + 2016b^2c^4d^6e^6 - 96c^6d^6e^6$
$-192a^4d^8e^6 - 208a^2b^2d^8e^6 - 192b^4d^8e^6$
$-208a^2c^2d^8e^6 - 208b^2c^2d^8e^6 - 192c^4d^8e^6$
$+240a^2d^{10}e^6 + 240b^2d^{10}e^6 + 240c^2d^{10}e^6$
$-320a^8b^2e^8 - 192a^6b^4e^8 - 192a^4b^6e^8$
$-320a^2b^8e^8 - 320a^8c^2e^8 - 208a^6b^2c^2e^8$
$-1248a^4b^4c^2e^8 - 208a^2b^6c^2e^8 - 320b^8c^2e^8$
$-192a^6c^4e^8 - 1248a^4b^2c^4e^8 - 1248a^2b^4c^4e^8$
$-192b^6c^4e^8 - 192a^4c^6e^8 - 208a^2b^2c^6e^8$
$-192b^4c^6e^8 - 320a^2c^8e^8 - 320b^2c^8e^8$

$$-320a^8d^2e^8 - 208a^6b^2d^2e^8 - 1248a^4b^4d^2e^8$$
$$-208a^2b^6d^2e^8 - 320b^8d^2e^8 - 208a^6c^2d^2e^8$$
$$-2544a^4b^2c^2d^2e^8 - 2544a^2b^4c^2d^2e^8 - 208b^6c^2d^2e^8$$
$$-1248a^4c^4d^2e^8 - 2544a^2b^2c^4d^2e^8 - 1248b^4c^4d^2e^8$$
$$-208a^2c^6d^2e^8 - 208b^2c^6d^2e^8 - 320c^8d^2e^8$$
$$-192a^6d^4e^8 - 1248a^4b^2d^4e^8 - 1248a^2b^4d^4e^8$$
$$-192b^6d^4e^8 - 1248a^4c^2d^4e^8 - 2544a^2b^2c^2d^4e^8$$
$$-1248b^4c^2d^4e^8 - 1248a^2c^4d^4e^8 - 1248b^2c^4d^4e^8$$
$$-192c^6d^4e^8 - 192a^4d^6e^8 - 208a^2b^2d^6e^8$$
$$-192b^4d^6e^8 - 208a^2c^2d^6e^8 - 208b^2c^2d^6e^8$$
$$-192c^4d^6e^8 - 320a^2d^8e^8 - 320b^2d^8e^8$$
$$-320c^2d^8e^8 + 240a^6b^2e^{10} + 288a^4b^4e^{10}$$
$$+240a^2b^6e^{10} + 240a^6c^2e^{10} + 336a^4b^2c^2e^{10}$$
$$+336a^2b^4c^2e^{10} + 240b^6c^2e^{10} + 288a^4c^4e^{10}$$
$$+336a^2b^2c^4e^{10} + 288b^4c^4e^{10} + 240a^2c^6e^{10}$$
$$+240b^2c^6e^{10} + 240a^6d^2e^{10} + 336a^4b^2d^2e^{10}$$
$$+336a^2b^4d^2e^{10} + 240b^6d^2e^{10} + 336a^4c^2d^2e^{10}$$
$$+2880a^2b^2c^2d^2e^{10} + 336b^4c^2d^2e^{10} + 336a^2c^4d^2e^{10}$$
$$+336b^2c^4d^2e^{10} + 240c^6d^2e^{10} + 288a^4d^4e^{10}$$
$$+336a^2b^2d^4e^{10} + 288b^4d^4e^{10} + 336a^2c^2d^4e^{10}$$
$$+336b^2c^2d^4e^{10} + 288c^4d^4e^{10} + 240a^2d^6e^{10}$$
$$+240b^2d^6e^{10} + 240c^2d^6e^{10} - 96a^4b^2e^{12}$$
$$-96a^2b^4e^{12} - 96a^4c^2e^{12} - 144a^2b^2c^2e^{12}$$
$$-96b^4c^2e^{12} - 96a^2c^4e^{12} - 96b^2c^4e^{12}$$
$$-96a^4d^2e^{12} - 144a^2b^2d^2e^{12} - 96b^4d^2e^{12}$$
$$-144a^2c^2d^2e^{12} - 144b^2c^2d^2e^{12} - 96c^4d^2e^{12}$$
$$-96a^2d^4e^{12} - 96b^2d^4e^{12} - 96c^2d^4e^{12}$$
$$+16a^2b^2e^{14} + 16a^2c^2e^{14} + 16b^2c^2e^{14}$$
$$+16a^2d^2e^{14} + 16b^2d^2e^{14} + 16c^2d^2e^{14})x^6$$

$$
\begin{aligned}
&+(a^{16} - 8a^{14}b^2 + 28a^{12}b^4 - 56a^{10}b^6 + 70a^8b^8 - 56a^6b^{10} \\
&+ 28a^4b^{12} - 8a^2b^{14} + b^{16} - 8a^{14}c^2 + 40a^{12}b^2c^2 - 72a^{10}b^4c^2 \\
&+ 40a^8b^6c^2 + 40a^6b^8c^2 - 72a^4b^{10}c^2 + 40a^2b^{12}c^2 - 8b^{14}c^2 \\
&+ 28a^{12}c^4 - 72a^{10}b^2c^4 + 36a^8b^4c^4 + 16a^6b^6c^4 + 36a^4b^8c^4 \\
&- 72a^2b^{10}c^4 + 28b^{12}c^4 - 56a^{10}c^6 + 40a^8b^2c^6 + 16a^6b^4c^6 \\
&+ 16a^4b^6c^6 + 40a^2b^8c^6 - 56b^{10}c^6 + 70a^8c^8 + 40a^6b^2c^8 \\
&+ 36a^4b^4c^8 + 40a^2b^6c^8 + 70b^8c^8 - 56a^6c^{10} - 72a^4b^2c^{10} \\
&- 72a^2b^4c^{10} - 56b^6c^{10} + 28a^4c^{12} + 40a^2b^2c^{12} + 28b^4c^{12} \\
&- 8a^2c^{14} - 8b^2c^{14} + c^{16} - 8a^{14}d^2 + 40a^{12}b^2d^2 - 72a^{10}b^4d^2 \\
&+ 40a^8b^6d^2 + 40a^6b^8d^2 - 72a^4b^{10}d^2 + 40a^2b^{12}d^2 - 8b^{14}d^2 \\
&+ 40a^{12}c^2d^2 - 176a^{10}b^2c^2d^2 + 344a^8b^4c^2d^2 - 416a^6b^6c^2d^2 \\
&+ 344a^4b^8c^2d^2 - 176a^2b^{10}c^2d^2 + 40b^{12}c^2d^2 - 72a^{10}c^4d^2 \\
&+ 344a^8b^2c^4d^2 - 272a^6b^4c^4d^2 - 272a^4b^6c^4d^2 + 344a^2b^8c^4d^2 \\
&- 72b^{10}c^4d^2 + 40a^8c^6d^2 - 416a^6b^2c^6d^2 - 272a^4b^4c^6d^2 \\
&- 416a^2b^6c^6d^2 + 40b^8c^6d^2 + 40a^6c^8d^2 + 344a^4b^2c^8d^2 \\
&+ 344a^2b^4c^8d^2 + 40b^6c^8d^2 - 72a^4c^{10}d^2 - 176a^2b^2c^{10}d^2 \\
&- 72b^4c^{10}d^2 + 40a^2c^{12}d^2 + 40b^2c^{12}d^2 - 8c^{14}d^2 + 28a^{12}d^4 \\
&- 72a^{10}b^2d^4 + 36a^8b^4d^4 + 16a^6b^6d^4 + 36a^4b^8d^4 - 72a^2b^{10}d^4 \\
&+ 28b^{12}d^4 - 72a^{10}c^2d^4 + 344a^8b^2c^2d^4 - 272a^6b^4c^2d^4 \\
&- 272a^4b^6c^2d^4 + 344a^2b^8c^2d^4 - 72b^{10}c^2d^4 + 36a^8c^4d^4 \\
&- 272a^6b^2c^4d^4 + 2008a^4b^4c^4d^4 - 272a^2b^6c^4d^4 + 36b^8c^4d^4 \\
&+ 16a^6c^6d^4 - 272a^4b^2c^6d^4 - 272a^2b^4c^6d^4 + 16b^6c^6d^4 \\
&+ 36a^4c^8d^4 + 344a^2b^2c^8d^4 + 36b^4c^8d^4 - 72a^2c^{10}d^4 - 72b^2c^{10}d^4 \\
&- 72b^2c^{10}d^4 + 28c^{12}d^4 - 56a^{10}d^6 + 40a^8b^2d^6 + 16a^6b^4d^6 \\
&+ 16a^4b^6d^6 + 40a^2b^8d^6 - 56b^{10}d^6 + 40a^8c^2d^6 - 416a^6b^2c^2d^6 \\
&- 272a^4b^4c^2d^6 - 416a^2b^6c^2d^6 + 40b^8c^2d^6 + 16a^6c^4d^6 \\
&- 272a^4b^2c^4d^6 - 272a^2b^4c^4d^6 + 16b^6c^4d^6 + 16a^4c^6d^6 \\
&- 416a^2b^2c^6d^6 + 16b^4c^6d^6 + 40a^2c^8d^6 + 40b^2c^8d^6 - 56c^{10}d^6 \\
&+ 70a^8d^8 + 40a^6b^2d^8 + 36a^4b^4d^8 + 40a^2b^6d^8 + 70b^8d^8
\end{aligned}
$$

$+40a^6c^2d^8 + 344a^4b^2c^2d^8 + 344a^2b^4c^2d^8 + 40b^6c^2d^8$

$+36a^4c^4d^8 + 344a^2b^2c^4d^8 + 36b^4c^4d^8 + 40a^2c^6d^8$

$+40b^2c^6d^8 + 70c^8d^8 - 56a^6d^{10} - 72a^4b^2d^{10} - 72a^2b^4d^{10}$

$-56b^6d^{10} - 72a^4c^2d^{10} - 176a^2b^2c^2d^{10} - 72b^4c^2d^{10} - 72a^2c^4d^{10}$

$-72b^2c^4d^{10} - 56c^6d^{10} + 28a^4d^{12} + 40a^2b^2d^{12} + 28b^4d^{12}$

$+40a^2c^2d^{12} + 40b^2c^2d^{12} + 28c^4d^{12} - 8a^2d^{14} - 8b^2d^{14} - 8c^2d^{14}$

$+d^{16} - 8a^{14}e^2 + 40a^{12}b^2e^2 - 72a^{10}b^4e^2 + 40a^8b^6e^2 + 40a^6b^8e^2$

$-72a^4b^{10}e^2 + 40a^2b^{12}e^2 - 8b^{14}e^2 + 40a^{12}c^2e^2 - 176a^{10}b^2c^2e^2$

$+344a^8b^4c^2e^2 - 416a^6b^6c^2e^2 + 344a^4b^8c^2e^2 - 176a^2b^{10}c^2e^2$

$+40b^{12}c^2e^2 - 72a^{10}c^4e^2 + 344a^8b^2c^4e^2 - 272a^6b^4c^4e^2$

$-272a^4b^6c^4e^2 + 344a^2b^8c^4e^2 - 72b^{10}c^4e^2 + 40a^8c^6e^2 -$

$416a^6b^2c^6e^2 - 272a^4b^4c^6e^2 - 416a^2b^6c^6e^2 + 40b^8c^6e^2 + 40a^6c^8e^2$

$+344a^4b^2c^8e^2 + 344a^2b^4c^8e^2 + 40b^6c^8e^2 - 72a^4c^{10}e^2$

$-176a^2b^2c^{10}e^2 - 72b^4c^{10}e^2 + 40a^2c^{12}e^2 + 40b^2c^{12}e^2 - 8c^{14}e^2$

$+40a^{12}d^2e^2 - 176a^{10}b^2d^2e^2 + 344a^8b^4d^2e^2 - 416a^6b^6d^2e^2$

$+344a^4b^8d^2e^2 - 176a^2b^{10}d^2e^2 + 40b^{12}d^2e^2 - 176a^{10}c^2d^2e^2$

$-752a^8b^2c^2d^2e^2 + 928a^6b^4c^2d^2e^2 + 928a^4b^6c^2d^2e^2$

$-752a^2b^8c^2d^2e^2 - 176b^{10}c^2d^2e^2 + 344a^8c^4d^2e^2 + 928a^6b^2c^4d^2e^2$

$-1520a^4b^4c^4d^2e^2 928a^2b^6c^4d^2e^2 + 344b^8c^4d^2e^2 - 416a^6c^6d^2e^2$

$+928a^4b^2c^6d^2e^2 + 928a^2b^4c^6d^2e^2 - 416b^6c^6d^2e^2 + 344a^4c^8d^2e^2$

$-752a^2b^2c^8d^2e^2 + 344b^4c^8d^2e^2 - 176a^2c^{10}d^2e^2 - 176b^2c^{10}d^2e^2$

$+40c^{12}d^2e^2 - 72a^{10}d^4e^2 + 344a^8b^2d^4e^2 - 272a^6b^4d^4e^2$

$-272a^4b^6d^4e^2 + 344a^2b^8d^4e^2 - 72b^{10}d^4e^2 + 344a^8c^2d^4e^2$

$+928a^6b^2c^2d^4e^2 - 1520a^4b^4c^2d^4e^2 + 928a^2b^6c^2d^4e^2$

$+344b^8c^2d^4e^2 - 272a^6c^4d^4e^2 - 1520a^4b^2c^4d^4e^2$

$-1520a^2b^4c^4d^4e^2 - 272b^6c^4d^4e^2 - 272a^4c^6d^4e^2 + 928a^2b^2c^6d^4e^2$

$-272b^4c^6d^4e^2 + 344a^2c^8d^4e^2 + 344b^2c^8d^4e^2 - 72c^{10}d^4e^2$

$+40a^8d^6e^2 - 416a^6b^2d^6e^2 - 272a^4b^4d^6e^2 - 416a^2b^6d^6e^2$

$+40b^8d^6e^2 - 416a^6c^2d^6e^2 + 928a^4b^2c^2d^6e^2 + 928a^2b^4c^2d^6e^2$

$$
\begin{aligned}
&-416b^6c^2d^6e^2 - 272a^4c^4d^6e^2 + 928a^2b^2c^4d^6e^2 - 272b^4c^4d^6e^2 \\
&-416a^2c^6d^6e^2 - 416b^2c^6d^6e^2 + 40c^8d^6e^2 + 40a^6d^8e^2 \\
&+344a^4b^2d^8e^2 + 344a^2b^4d^8e^2 + 40b^6d^8e^2 + 344a^4c^2d^8e^2 \\
&-752a^2b^2c^2d^8e^2 + 344b^4c^2d^8e^2 + 344a^2c^4d^8e^2 + 344b^2c^4d^8e^2 \\
&+40c^6d^8e^2 - 72a^4d^{10}e^2 - 176a^2b^2d^{10}e^2 - 72b^4d^{10}e^2 \\
&-176a^2c^2d^{10}e^2 - 176b^2c^2d^{10}e^2 - 72c^4d^{10}e^2 + 40a^2d^{12}e^2 \\
&+40b^2d^{12}e^2 + 40c^2d^{12}e^2 - 8d^{14}e^2 + 28a^{12}e^4 - 72a^{10}b^2e^4 \\
&+36a^8b^4e^4 + 16a^6b^6e^4 + 36a^4b^8e^4 - 72a^2b^{10}e^4 + 28b^{12}e^4 \\
&-72a^{10}c^2e^4 + 344a^8b^2c^2e^4 - 272a^6b^4c^2e^4 - 272a^4b^6c^2e^4 \\
&+344a^2b^8c^2e^4 - 72b^{10}c^2e^4 + 36a^8c^4e^4 - 272a^6b^2c^4e^4 \\
&+2008a^4b^4c^4e^4 - 272a^2b^6c^4e^4 + 36b^8c^4e^4 + 16a^6c^6e^4 \\
&-272a^4b^2c^6e^4 - 272a^2b^4c^6e^4 + 16b^6c^6e^4 + 36a^4c^8e^4 \\
&+344a^2b^2c^8e^4 + 36b^4c^8e^4 - 72a^2c^{10}e^4 - 72b^2c^{10}e^4 \\
&+28c^{12}e^4 - 72a^{10}d^2e^4 + 344a^8b^2d^2e^4 - 272a^6b^4d^2e^4 \\
&-272a^4b^6d^2e^4 + 344a^2b^8d^2e^4 - 72b^{10}d^2e^4 + 344a^8c^2d^2e^4 \\
&+928a^6b^2c^2d^2e^4 - 1520a^4b^4c^2d^2e^4 + 928a^2b^6c^2d^2e^4 \\
&+344b^8c^2d^2e^4 - 272a^6c^4d^2e^4 - 1520a^4b^2c^4d^2e^4 \\
&-1520a^2b^4c^4d^2e^4 - 272b^6c^4d^2e^4 - 272a^4c^6d^2e^4 \\
&+928a^2b^2c^6d^2e^4 - 272b^4c^6d^2e^4 + 344a^2c^8d^2e^4 + 344b^2c^8d^2e^4 \\
&-72c^{10}d^2e^4 + 36a^8d^4e^4 - 272a^6b^2d^4e^4 + 2008a^4b^4d^4e^4 \\
&-272a^2b^6d^4e^4 + 36b^8d^4e^4 - 272a^6c^2d^4e^4 - 1520a^4b^2c^2d^4e^4 \\
&-1520a^2b^4c^2d^4e^4 - 272b^6c^2d^4e^4 + 2008a^4c^4d^4e^4 \\
&-1520a^2b^2c^4d^4e^4 + 2008b^4c^4d^4e^4 - 272a^2c^6d^4e^4 - 272b^2c^6d^4e^4 \\
&+36c^8d^4e^4 + 16a^6d^6e^4 - 272a^4b^2d^6e^4 - 272a^2b^4d^6e^4 + 16b^6d^6e^4 \\
&-272a^4c^2d^6e^4 + 928a^2b^2c^2d^6e^4 - 272b^4c^2d^6e^4 - 272a^2c^4d^6e^4 \\
&-272b^2c^4d^6e^4 + 16c^6d^6e^4 + 36a^4d^8e^4 + 344a^2b^2d^8e^4 + 36b^4d^8e^4 \\
&+344a^2c^2d^8e^4 + 344b^2c^2d^8e^4 + 36c^4d^8e^4 - 72a^2d^{10}e^4 \\
&-72b^2d^{10}e^4 - 72c^2d^{10}e^4 + 28d^{12}e^4 - 56a^{10}e^6 + 40a^8b^2e^6 \\
&+16a^6b^4e^6 + 16a^4b^6e^6 + 40a^2b^8e^6 - 56b^{10}e^6 + 40a^8c^2e^6
\end{aligned}
$$

$-416a^6b^2c^2e^6 - 272a^4b^4c^2e^6 - 416a^2b^6c^2e^6 + 40b^8c^2e^6$
$+16a^6c^4e^6 - 272a^4b^2c^4e^6 - 272a^2b^4c^4e^6 + 16b^6c^4e^6 + 16a^4c^6e^6$
$-416a^2b^2c^6e^6 + 16b^4c^6e^6 + 40a^2c^8e^6 + 40b^2c^8e^6 - 56c^{10}e^6$
$+40a^8d^2e^6 - 416a^6b^2d^2e^6 - 272a^4b^4d^2e^6 - 416a^2b^6d^2e^6$
$+40b^8d^2e^6 - 416a^6c^2d^2e^6 + 928a^4b^2c^2d^2e^6 + 928a^2b^4c^2d^2e^6$
$-416b^6c^2d^2e^6 - 272a^4c^4d^2e^6 + 928a^2b^2c^4d^2e^6 - 272b^4c^4d^2e^6$
$-416a^2c^6d^2e^6 - 416b^2c^6d^2e^6 + 40c^8d^2e^6 + 16a^6d^4e^6$
$-272a^4b^2d^4e^6 - 272a^2b^4d^4e^6 + 16b^6d^4e^6 - 272a^4c^2d^4e^6$
$+928a^2b^2c^2d^4e^6 - 272b^4c^2d^4e^6 - 272a^2c^4d^4e^6 - 272b^2c^4d^4e^6$
$+16c^6d^4e^6 + 16a^4d^6e^6 - 416a^2b^2d^6e^6 + 16b^4d^6e^6 - 416a^2c^2d^6e^6$
$-416b^2c^2d^6e^6 + 16c^4d^6e^6 + 40a^2d^8e^6 + 40b^2d^8e^6 + 40c^2d^8e^6$
$-56d^{10}e^6 + 70a^8e^8 + 40a^6b^2e^8 + 36a^4b^4e^8 + 40a^2b^6e^8 + 70b^8e^8$
$+40a^6c^2e^8 + 344a^4b^2c^2e^8 + 344a^2b^4c^2e^8 + 40b^6c^2e^8 + 36a^4c^4e^8$
$+344a^2b^2c^4e^8 + 36b^4c^4e^8 + 40a^2c^6e^8 + 40b^2c^6e^8 + 70c^8e^8$
$+40a^6d^2e^8 + 344a^4b^2d^2e^8 + 344a^2b^4d^2e^8 + 40b^6d^2e^8$
$+344a^4c^2d^2e^8 - 752a^2b^2c^2d^2e^8 + 344b^4c^2d^2e^8 + 344a^2c^4d^2e^8$
$+344b^2c^4d^2e^8 + 40c^6d^2e^8 + 36a^4d^4e^8 + 344a^2b^2d^4e^8 + 36b^4d^4e^8$
$+344a^2c^2d^4e^8 + 344b^2c^2d^4e^8 + 36c^4d^4e^8 + 40a^2d^6e^8 + 40b^2d^6e^8$
$+40c^2d^6e^8 + 70d^8e^8 - 56a^6e^{10} - 72a^4b^2e^{10} - 72a^2b^4e^{10}$
$-56b^6e^{10} - 72a^4c^2e^{10} - 176a^2b^2c^2e^{10} - 72b^4c^2e^{10} - 72a^2c^4e^{10}$
$-72b^2c^4e^{10} - 56c^6e^{10} - 72a^4d^2e^{10} - 176a^2b^2d^2e^{10} - 72b^4d^2e^{10}$
$-176a^2c^2d^2e^{10} - 176b^2c^2d^2e^{10} - 72c^4d^2e^{10} - 72a^2d^4e^{10}$
$-72b^2d^4e^{10} - 72c^2d^4e^{10} - 56d^6e^{10} + 28a^4e^{12} + 40a^2b^2e^{12}$
$+28b^4e^{12} + 40a^2c^2e^{12} + 40b^2c^2e^{12} + 28c^4e^{12} + 40a^2d^2e^{12}$
$+40b^2d^2e^{12} + 40c^2d^2e^{12} + 28d^4e^{12} - 8a^2e^{14} - 8b^2e^{14} - 8c^2e^{14}$
$-8d^2e^{14} + e^{16})x^7 = 0$

(3), (4), (5) についてもう少し考察しておこう.

(3)(4) を現代的に解釈すると次のようになる. 図5において,

3　研幾算法から

R を外接円の半径として，鋭角の場合

$$\alpha = R\cos A,\ \beta = R\cos B,\ \gamma = R\cos C$$

$$a = 2R\sin A,\ b = 2R\sin B,\ c = 2R\sin C \quad \text{だから}$$

$$\begin{aligned}
\frac{乙丑 + 丙子}{径} &= \frac{b(2\gamma) + c(2\beta)}{2R} \\
&= 2R(\sin B\cos C + \sin C\cos B) \\
&= 2R\sin(B+C) = 2R\sin A = a = 甲
\end{aligned}$$

$$\begin{aligned}
\frac{乙丙 - 子丑}{径} &= \frac{bc - (2\beta)(2\gamma)}{2R} \\
&= \frac{4R^2\sin B\sin C - 4R^2\cos B\cos C}{2R} \\
&= -2R\cos(B+C) = 2R\cos A = 2\alpha = 伊
\end{aligned}$$

なお (3) は 円に内接する四角形 ADOE におけるトレミーの定理である．

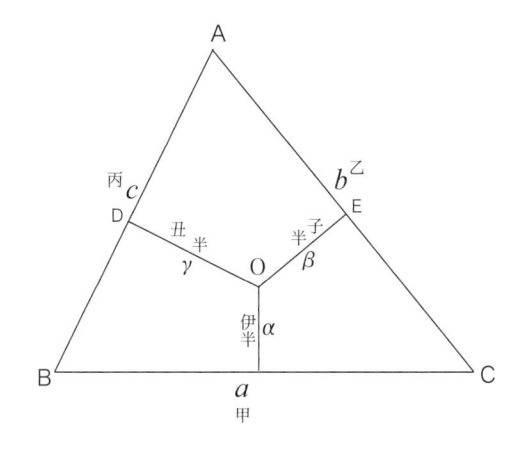

図 5

さらに (3) より径について解くと

$$径 = \frac{2\,甲乙丙}{\sqrt{子丑寅卯}}$$

ここで 子 = 甲 + 乙 + 丙, 丑 = −甲 + 乙 + 丙, 寅 = 甲 − 乙 + 丙, 卯 = 甲 + 乙 − 丙 である．(5) より径について解くと

$$径 = 2\sqrt{\frac{(甲乙 + 丙丁)(乙丙 + 丁甲)(丙甲 + 乙丁)}{辰巳午未}}$$

ここで 辰 = −甲 + 乙 + 丙 + 丁, 巳 = 甲 − 乙 + 丙 + 丁, 午 = 甲 + 乙 − 丙 + 丁, 未 = 甲 + 乙 + 丙 − 丁 である．これらから見て，(6) から径を求める公式が作れそうに思えるが，五角形の場合は四角形に比べて上記のように飛躍的に複雑な方程式になる．円に内接する多角形の円径を求める問題は西洋数学でもあまり論じられていないようなので，本問は和算の特徴的算題といえるだろう．

3.3 和算における余弦定理・正弦定理

これまでに余弦定理や正弦定理が何度か使われていたので，それらについて解説しておこう．余弦定理は，古くは〈双股弦の術〉として礒村吉徳『算法闕疑抄』(1659) に見え，増補版には下図のような説明がついている．$b^2 - c^2 = p^2 - q^2$ で $\square GBCE + \square FIDE - \square HBJI = \square FLME$ だから

$$a^2 + b^2 - c^2 = 2a \times p$$

3 研幾算法から

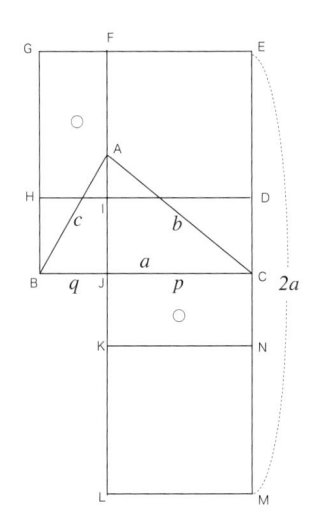

正弦定理については，松永良弼 (1692〜1744) が『円中三原適等』(年紀不明) でその証明を述べているが，研幾算法で使われているので，相当古くから知られていたようである．ここでは会田安明『算法天生法指南』(1810) の証明を紹介しておこう．三辺の長さを甲，乙，丙とし，中勾を中，円径を径と書くことにする．

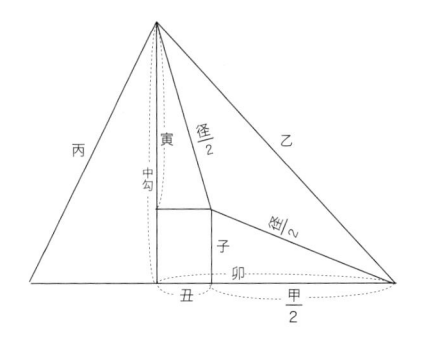

双股弦の術より

$$卯 = 丑 + \frac{甲}{2} = \frac{甲^2 + 乙^2 - 丙^2}{2\,甲}$$

よって

$$丑 = \frac{乙^2 - 丙^2}{2\,甲}$$

$$寅^2 = \frac{径^2}{4} - 丑^2 = \frac{径^2}{4} - \frac{(乙^2 - 丙^2)^2}{4\,甲^2}$$

$$子^2 = \frac{径^2}{4} - \frac{甲^2}{4}$$

$$中^2 = 乙^2 - \left(丑 + \frac{甲}{2}\right)^2 = 乙^2 - \frac{(甲^2 + 乙^2 - 丙^2)^2}{4\,甲^2}$$

$中^2 = (子+寅)^2$ より

$$\begin{aligned}
2\,子寅 &= 中^2 - 子^2 - 寅^2 \\
&= 乙^2 - \frac{(甲^2 + 乙^2 - 丙^2)^2}{4\,甲^2} - \frac{径^2}{4} + \frac{甲^2}{4} - \frac{径^2}{4} \\
&\quad + \frac{(乙^2 - 丙^2)^2}{4\,甲^2} = \frac{乙^2 + 丙^2 - 径^2}{2}
\end{aligned}$$

自乗して

$$16\,子^2寅^2 = (乙^2 + 丙^2 - 径^2)^2$$

$$16\left(\frac{径^2}{4} - \frac{甲^2}{4}\right)\left(\frac{径^2}{4} - \frac{(乙^2 - 丙^2)^2}{4\,甲^2}\right) = (乙^2 + 丙^2 - 径^2)^2$$

これを展開整理すると

$$4\,乙^2丙^2 = \left(\underline{2\,乙^2 + 2\,丙^2 - 甲^2 - \frac{(乙^2 - 丙^2)^2}{甲^2}}\right)径^2$$

ここで

$$\begin{aligned}
(\underline{}) &= 4\left(乙^2 - \frac{(甲^2 + 乙^2 - 丙^2)^2}{4\,甲^2}\right) = 4(乙^2 - 卯^2) \\
&= 4\,中^2
\end{aligned}$$

従って
$$4\,乙^2丙^2 = 4\,中^2径^2$$
$$\therefore\quad 乙丙 = 中径$$

4 括要算法から

『括要算法』(1712) には,《関氏孝和先生遺編, 荒木村英検閲, 大橋由昌校訂》とあり, 関孝和没後, 弟子の荒木村英に伝えられたものを, 大橋由昌が出版したのである. その跋文には〈孝和先生の説に原いて, 一理貫通の妙を発す〉ともある. 元亨利貞の 4 巻からなり, いろいろな話題を論じているが, ここでは剰一術, 円周率, Bernoulli 数, 角術の 4 つの話題を取り上げることにする.

4.1 剰一術

亨巻の剰一第一問は次の算題である.
原文：
今有以左一十九累加之得数, 以右二十七累減之, 剰一, 問左総数幾何.
答曰左総数一百九十
題意：
19 を整数倍したもの (左総数) から 27 を整数倍したものを引くと 1 になるという. 左総数を求めよ.
【解説】
一十九累加とは 19 の整数倍を加えること, 二十七累減とは 27 の整数倍を減ずることで, 剰一とはその減じた余りが 1 となることである. したがって, 本算題は不定方程式

$$19x - 27y = 1 \cdots\cdots ①$$

をみたす整数 x, y を求めることである．$a = 19$, $b = 27$ としてユークリッドの互除法を繰り返しておこなうと

$$b = 1 \cdot a + 8 \quad \therefore \quad 8 = b - a$$

$$a = 2 \cdot 8 + 3 \quad \therefore \quad 3 = a - 2 \cdot 8 = a - 2(b-a) = 3a - 2b$$

$$8 = 2 \cdot 3 + 2 \quad \therefore \quad 2 = 8 - 2 \cdot 3 = (b-a) - 2(3a-2b) = -7a + 5b$$

$$3 = 1 \cdot 2 + 1 \quad \therefore \quad 3a - 2b = 1 \cdot (-7a + 5b) + 1$$

$$\therefore \quad 10a - 7b = 1$$

そこで，$x = 10$, $y = 7$ が求まる．このように，不定方程式

$$ax + by = 1 \cdots ②$$

を解く方法を剰一術という．a と b が互いに素であれば，互除法を繰り返すと必ず余り 1 に到達するので，② には解が存在する．b を a で割った商を p_1, 余りを r_1 とすると

$$b = p_1 a + r_1 \cdots ③$$

a を r_1 で割った商を p_2, 余りを r_2 とすると

$$a = p_2 r_1 + r_2 \cdots ④$$

r_1 を r_2 で割った商が p_3 で，余りが r_3 になったとすると

$$r_1 = p_3 r_2 + r_3 \cdots ⑤$$

r_2 を r_3 で割った商が p_4 で，余りが 1 になったとすると

$$r_2 = p_4 r_3 + 1 \cdots ⑥$$

③ の r_1 と ④ の r_2 と ⑤ の r_3 を ⑥ に代入すると

$$(1 + p_1 p_2 + p_1 p_4 + p_3 p_4 + p_1 p_2 p_3 p_4)a - (p_2 + p_4 + p_2 p_3 p_4)b = 1$$

よって,

$$x = 1+p_1p_2+p_1p_4+p_3p_4+p_1p_2p_3p_4, \quad y = -(p_2+p_4+p_2p_3p_4)$$

という一つの解 (特殊解) がとれる. これを ① に適用してみると, $p_1 = 1, p_2 = 2, p_3 = 2. p_4 = 1$ とわかるので, 特殊解として

$$x = 1+1 \cdot 2+1 \cdot 1+2 \cdot 1+1 \cdot 2 \cdot 2 \cdot 1 = 10, \quad y = 2+1+2 \cdot 2 \cdot 1 = 7$$

がとれる. ただし, 原文では左総数を問うているので, 答には $19x = 190$ が書かれている. なお一般解は $x = 10+27k, y = 7+19k$ となる. この剰一術を使って解くのが次の翦管術解第三問である.

原文:
今有物, 不知総数. 只云三除余二箇, 五除余一箇, 七除余五箇, 問総数幾何
答曰総数二十六箇
題意:3で割って2余り, 5で割って1余り, 7で割って5余る数を求めよ.

【解説】
術文には次のように書かれている.

> 術曰三除余以七十乗之, 得一百四十箇, 五除余以二十一乗之, 得二十一箇, 七除余以一十五乗之, 得七十五箇, 三位相併, 共得二百三十六箇, 満一百零五去之余二十六為総数合問.

現代の式で書くと

$$70 \times 2 + 21 \times 1 + 15 \times 5 - 105 \times 2 = 26$$

となる. 原文ではこの後に '解曰' として, もう少し詳しい説明があるので, それにもとづいてこの式の意味を説明して

いこう．まず本算題は

$$(\text{☆})\begin{cases} A = 3a + 2 \cdots ① \\ A = 5b + 1 \cdots ② \\ A = 7c + 5 \cdots ③ \end{cases}$$

をみたす自然数 A を求める問題である．このように連立合同式

$$A \equiv r_1 \pmod{p_1}, \quad A \equiv r_2 \pmod{p_2}, \quad A \equiv r_3 \pmod{p_3}$$

を解く手立てを和算では翦管術という．$p_1 = 3, p_2 = 5, p_3 = 7$ の場合は百五減算としてよく知られているものである．問題文には書かれていないが，最小の A を求めるとしよう．
$5 \times 7 = 35$ の倍数で，3 で割って 1 余る数として 70 をとり，
$3 \times 7 = 21$ の倍数で，5 で割って 1 余る数として 21 をとり，
$3 \times 5 = 15$ の倍数で，7 で割って 1 余る数として 15 をとると，
A の特殊解として

$$A = 70 \times 2 + 21 \times 1 + 15 \times 5 = 236 \cdots ④$$

がとれるので，この 236 を $3 \times 5 \times 7 = 105$ で割った余り 26 も A の解である．このようなことが術文に書かれているが，これらは次のように説明できる．
①② より $3a + 2 = 5b + 1$

$$\therefore \quad 3(a - 3) = 5(b - 2)$$

よって $a - 3$ は 5 の倍数，すなわち $a = 5p + 3$ と書ける．これを ① に代入して

$$A = 3(5p + 3) + 2 = 3 \times 5p + 11 \cdots ⑤$$

③へ代入して $3 \times 5p + 11 = 7c + 5 \cdots ⑥$

$$\therefore \quad 3 \times 5(p - 1) = 7(c - 3) \cdots ⑦$$

よって $p-1$ は 7 の倍数になるので，$p = 7q + 1$ と書ける．
⑤ へ代入して

$$A = 3 \times 5(7q+1) + 11 = 105q + 26$$

これが A の一般解である．従って，④ の術によって特殊解を見つけ，それを $105(= 3 \times 5 \times 7)$ で割った余りが最小の A である．これが術文の意味であった．このように 105 を引けるだけ引いた余りを出すので，百五減算と命名されている．この術では〈35 の倍数で，3 で割って 1 余る数〉などを求める必要があるが，そこで剰一術を使うのである．原文には〈五，七相因，得三十五為左，以三為右，依剰一術得七十〉とある．一般に次の定理が成り立つ．

> p_1, p_2, p_3 が互いに素であるとき，p_i で割って余りが r_i $(i = 1, 2, 3)$ になる自然数 A は $p_1 p_2 p_3$ を法として一意に決まる．

これを中国剰余定理 (Chinese remainder theorem) と呼ぶ．さらに，

> $p_2 p_3$ の倍数で p_1 で割って 1 余る数を x, $p_1 p_3$ の倍数で p_2 で割って 1 余る数を y, $p_1 p_2$ の倍数で p_3 で割って 1 余る数を z とするとき，
>
> $$A = xr_1 + yr_2 + zr_3$$
>
> で特殊解が得られる．

本算題の起原は古く，中国の古算書『孫子算経』(4 世紀頃) にも見える．

今有物,不知其数.三,三数之,剰二,五,五数
之,剰三,七,七数之,剰二.問物幾何.
答曰二十三

題意は,3 で割ると 2 余り,5 で割ると 3 余り,7 で割ると 2 余る数を求めよ,となる.しかし,この問題が有名になったのは『塵劫記』からで,寛永十一年版には次のように見える.

> 百五げんといふ事
> 半ばかりをきゝてかづを云事なり.先七づゝ引時,二つ残ると云.又五つひく時,一つ残ると云.又三づゝ引時,二つ残ると云時に,此半はかりを聞て惣数を知る.惣数八十六あるといふなり.

7 で割ると 2 余り,5 で割ると 1 余り,3 で割ると 2 余る数を求めよ,という題意でその術は

$$70 \times 2 + 21 \times 1 + 15 \times 2 - 105 = 86$$

となる.大矢 [15] によると,室町時代の文献に〈百五減〉の名が見えるとあるので,古くからある数学遊技のようだ.

ところで,⑥ から $p = 7q + 1$ を導くのに ⑦ を経由したが,一般には ⑥ を

$$7c - 15p = 6 \cdots\cdots ⑧$$

として,この不定方程式を解かなければならない.このことから,不定方程式 $ax + by = c$ を解く術を翦管術とよぶこともある.$c = 1$ の場合が剰一術であった.そこでまず,$7c - 15p = 1$ を剰一術で解くと,特殊解として $c = 13$, $p = 6$ が得られる.ゆえに,これを 6 倍した $c = 78$, $p = 36$ が ⑧ の特殊解となる.⑧ の解を下図のように直線 $c = \dfrac{15}{7}p + \dfrac{6}{7}$ 上の格子点と

思うと，特殊解 (α, β) がわかれば，この直線の傾きが $\dfrac{15}{7}$ であるから，(α, β) から右 (左) へ 7，上 (下) へ 15 だけ進んだ点 $(\alpha \pm 7, \beta \pm 15)$ も格子点である．さらに右 (左) へ 7，上 (下) へ 15 だけ進んだ点 $(\alpha \pm 14, \beta \pm 30)$ も格子点である．一般に k を任意の整数として $(\alpha + 7k, \beta + 15k)$ とかける．7 と 15 が互いに素であるので，これらの中間には格子点は存在せず，これですべての解 (一般解) が求まったことになり，⑧ の一般解として

$$p = 36 + 7k, \quad c = 78 + 15k$$

が得られる．これは $q = k+5$ とおけば $p = 7q+1$, $c = 15q+3$ と書け，これが ⑦ への変形の根拠であった．

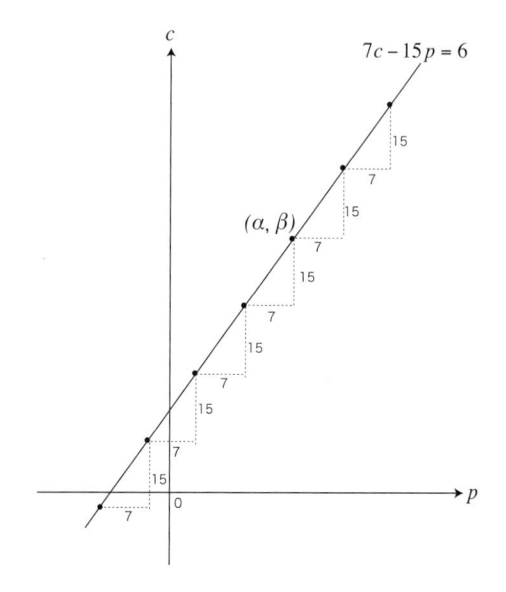

覇管術という言葉は，13世紀の中国古算書『楊輝算法』から伝えられたようである．またこの術は天文暦法への応用があり，中国では秦九韶が『数書九章』(1247) で大衍求一術という名前で論じている．

4.2 円周率

貞巻の〔求円周率術〕で円周率を 12 桁まで求めた．まずその方法を紹介する．
【求円周率術 第一円率解】

> 原文：
> 径一尺円内如図，容四角，次容八角，次容一十六角，次容三十二角，次第如此，至一十三万一千零七十二角，各以勾股術求弦．以角数相乗之，各得截周．各所得勾股弦及周数列于後．
> 題意：
> 直径 1 尺の円に正 4 角形，正 8 角形，正 16 角形，…，正 131072 角形を内接させて，それぞれの一辺の長さを鉤股弦の術により求め，角数を乗じてその周長を求める．その値を以下に記す．

【解説】
次の図のような環矩図の後に，正 4 角形から正 131072 角形までの勾，股，弦，および周長の長さが記されている．原文では単に，勾，股，弦，周としか書かれてないが，これは円に内接する正 2^n 角形についての値なので，勾$_n$, 股$_n$, 弦$_n$, 周$_n$ と書くことにする．(単位尺)

環矩図

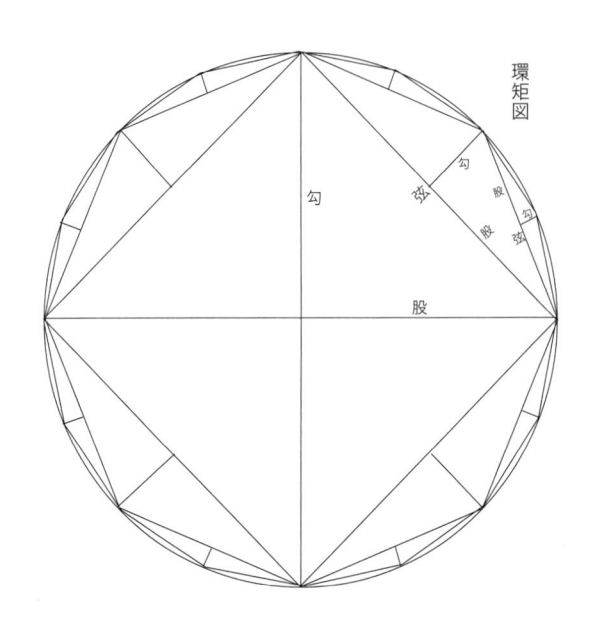

勾　股　弦　勾　股　弦　勾　股

4 角形 $(n=2)$

勾$_2 = 0.5$	股$_2 = 0.5$
弦$_2 = 0.7071067811865475244$	周$_2 = 2.8284271247461900976$

8 角形 $(n=3)$

勾$_3 = 0.1464466094067262378$	股$_3 = 0.3535533905932737622$
弦$_3 = 0.3826834323650897717$	周$_3 = 3.0614674589207181738$

16 角形 $(n=4)$

勾$_4 = 0.0380602337443566219$	股$_4 = 0.1913417161825448859$
弦$_4 = 0.1950903220161282678$	周$_4 = 3.1214451522580522856$

32 角形 $(n=5)$

勾$_5 = 0.0096073597983847754$	股$_5 = 0.0975451610080641339$
弦$_5 = 0.098017140329560602$	周$_5 = 3.1365484905459392638$

64 角形 $(n=6)$

4 括要算法から

| $勾_6 = 0.0024076366639015569$ | $股_6 = 0.049008570164780301$ |
| $弦_6 = 0.0490676743274180143$ | $周_6 = 3.1403311569547529123$ |

128 角形 ($n = 7$)

| $勾_7 = 0.0006022718974138036$ | $股_7 = 0.0245338371637090071$ |
| $弦_7 = 0.024541228522912288$ | $周_7 = 3.1412772509327728681$ |

256 角形 ($n = 8$)

| $勾_8 = 0.0001505906518978899$ | $股_8 = 0.012270614261456144$ |
| $弦_8 = 0.0122715382857199261$ | $周_8 = 3.14151380114430107633$ |

512 角形 ($n = 9$)

| $勾_9 = 0.0000376490804277295$ | $股_9 = 0.006135769142859963$ |
| $弦_9 = 0.0061358846491544754$ | $周_9 = 3.14157294036709133843$ |

1024 角形 ($n = 10$)

| $勾_{10} = 0.0000094123586994287$ | $股_{10} = 0.0030679423245772377$ |
| $弦_{10} = 0.0030679567629659763$ | $周_{10} = 3.1415877252771597008$ |

2048 角形 ($n = 11$)

| $勾_{11} = 0.0000023530952119142$ | $股_{11} = 0.0015339783814829881$ |
| $弦_{11} = 0.0015339801862847656$ | $周_{11} = 3.1415914215111999741$ |

4096 角形 ($n = 12$)

| $勾_{12} = 0.000000588274149045$ | $股_{12} = 0.0007669900931423828$ |
| $弦_{12} = 0.0007669903187427045$ | $周_{12} = 3.1415923455701177425$ |

8192 角形 ($n = 13$)

| $勾_{13} = 0.0000001470685588904$ | $股_{13} = 0.0003834951593713523$ |
| $弦_{13} = 0.0003834951875713956$ | $周_{13} = 3.1415925765848726668$ |

16384 角形 ($n = 14$)

| $勾_{14} = 0.0000000367671410744$ | $股_{14} = 0.0001917475937856978$ |
| $弦_{14} = 0.0001917475973107033$ | $周_{14} = 3.1415926343385629908$ |

32768 角形 ($n = 15$)

勾$_{15}$ = 0.0000000091917853531	股$_{15}$ = 0.0000958737986553517
弦$_{15}$ = 0.0000958737990959773	周$_{15}$ = 3.1415926487769856708

65536 角形 ($n = 16$)

勾$_{16}$ = 0.0000000022979463436	股$_{16}$ = 0.0000479368995479887
弦$_{16}$ = 0.0000479368996030669	周$_{16}$ = 3.1415926523865913571

131072 角形 ($n = 17$)

勾$_{17}$ = 0.0000000005744865862	股$_{17}$ = 0.0000239684498015334
弦$_{17}$ = 0.0000239684498084182	周$_{17}$ = 3.1415926532889927759

円率解はこれで終わっている．

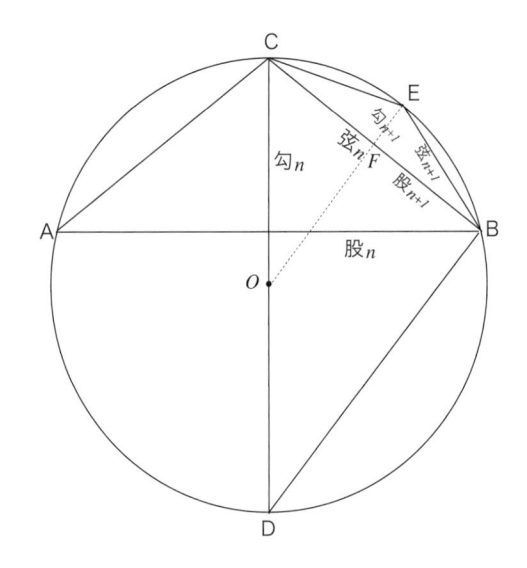

いま直径 1 の円内に，1 辺が $CB =$ 弦$_n$ の正 2^n 角形が書けたとする．このとき，弧の中点 E と弦の両端 C, B を結び正

2^{n+1} 角形をつくると，弦$_n{}^2 =$ 勾$_n$，　股$_{n+1} = \dfrac{1}{2}$弦$_n$

$$\text{勾}_{n+1} = EF = OE - OF = \dfrac{1}{2} - \dfrac{1}{2}BD$$
$$= \dfrac{1}{2} - \dfrac{1}{2}\sqrt{1 - \text{弦}_n{}^2}$$
$$= \dfrac{1}{2} - \dfrac{1}{2}\sqrt{1 - \text{勾}_n}$$

だから，これらの漸化式により定まる 弦$_n$ に対して周長 周$_n$ は 周$_n = 2^n$弦$_n$ で求まる．関はこのようにして 周$_n$ の値を $n = 17$ まで求めたのである．ここまでは関以前から知られていた．松村茂清『算爼』(1663) では $n = 15$ まで，村瀬義益『算法勿憚改』(1673) では $n = 17$ まで計算されていた．

【第二求定周】

〔原文〕列三万二千七百六十八角周与六万五千五百三十六角周差，以六万五千五百三十六角周与一十三万一千零七十二角周差相乗之，得数為実．列三万二千七百六十八角周与六万五千五百三十六角周差，内減六万五千五百三十六角周与一十三万一千零七十二角周差，余為法．実如法而一，得数加入六万五千五百三十六角周，得三尺一寸四分一厘五毫九絲二忽六微五繊三沙五塵九埃微弱，為定周．

〔題意〕正65536角形の周長と正32768角形の周長の差に，正131072角形の周長と正65536角形の周長の差を乗じたものを分子とする．正65536角形の周長と正32768角形の周長の差から，正131072角形の周長と正65536角形の周長の差を減じたものを分母とする．分子を分母で割って，正65536角形の周長を加えると 3.14159265359 尺となり，これを定周とする．

関はこれだけしか書いていないが，この部分が関円周率の真骨頂といえる．一応円周率は 3.14159265359 と出ている．これは 11 桁まで正しい値である．原文を現代の式で書くと

$$\text{定周} = \text{周}_{16} + \frac{(\text{周}_{16} - \text{周}_{15})(\text{周}_{17} - \text{周}_{16})}{(\text{周}_{16} - \text{周}_{15}) - (\text{周}_{17} - \text{周}_{16})}$$

となる．以下詳しく解説しよう．

4.2.1 増約術

和算では階差が等比数列になる数列 $\{a_n\}$ で $\lim_{n \to \infty} a_n$ を求める算法を公式化している．階差を $b_n = a_{n+1} - a_n$ とし，b_n の公比を r $(0 < r < 1)$ とすると，

$$b_n = b_2 r^{n-2}$$

$$a_n = a_2 + \sum_{k=2}^{n-1} b_k$$

よって

$$a_\infty = \lim_{n \to \infty} a_n = a_2 + \frac{b_2}{1 - r}$$

ここで $r = \dfrac{b_2}{b_1}$ だから

$$a_\infty = a_2 + \frac{b_2}{1 - \dfrac{b_2}{b_1}} = a_2 + \frac{b_1 b_2}{b_1 - b_2}$$

ゆえに

$$a_\infty = a_2 + \frac{(a_2 - a_1)(a_3 - a_2)}{(a_2 - a_1) - (a_3 - a_2)}$$

和算ではこの公式を増約術と呼ぶ．関は 周$_{15}$, 周$_{16}$, 周$_{17}$ に増約術を施したのである．

4.2.2 関の検証

周$_{15}$, 周$_{16}$, 周$_{17}$ の計算を Mathematica で検算した結果を示す.

```
a[2]:=Sqrt[2]/2
a[n_]:=Sqrt[(1-Sqrt[1-(a[n-1]^2)])/2]/;n>=3
s[n_]:=a[n]*2^n
For[k=15,k<=17,k=k+1,Print[N[s[k],40]]]
```
3.141592648776985669485107969277177075698
3.141592652386591345803525521057963884339
3.141592653288992765271943042173740003461

このように Mathematica と比べても関の計算は相当に正確である. この s[15], s[16], s[17] に増約術を施すと

```
zoyaku[k_]:=s[k]+(s[k]-s[k-1])(s[k+1]-s[k])/(s[k]
-s[k-1]-s[k+1]+s[k])
N[zoyaku[16],40]
```
3.141592653589793238471283675l3

19 桁まで正しい値が出る. 関はこのうち 11 桁まで正しい値とした.

4.2.3 関の論理

s_{15}, s_{16}, s_{17} に増約術をもちいたところが関の新しい工夫といえる. 『括要算法』には結果の数値のみで根拠を示していないが, おそらく

$$\frac{s_4 - s_3}{s_3 - s_2}, \frac{s_5 - s_4}{s_4 - s_3}, \ldots, \frac{s_{17} - s_{16}}{s_{16} - s_{15}}$$

の値を計算し,

```
r[k_]:=(s[k]-s[k-1])/(s[k-1]-s[k-2])
```

```
For[k=4,k<=17,k=k+1,Print[N[r[k],40]]]
```
0.2573704399703432624665381024787432086489
0.2518159243460877543122112397763895193539
0.2504523395233345956657851902486177385615
0.2501129826874365208341270690261438317104
0.2500282392910641343643436514536907276143
0.2500070594240645670575244031251569849551
0.2500017648310988344265634635855508004789
0.2500004412062174008703092957931356348750
0.2500001103014570188586177413284997293295
0.2500000275753581715105719567148463105756
0.2500000068938391626774792794161546359766
0.2500000017234597669086610168240198961973
0.2500000004308649402415584763420984126887
0.2500000001077162349675673208178659005197

このような結果から公比 0.25 を見抜いたと思われる．これは次のように証明できる．

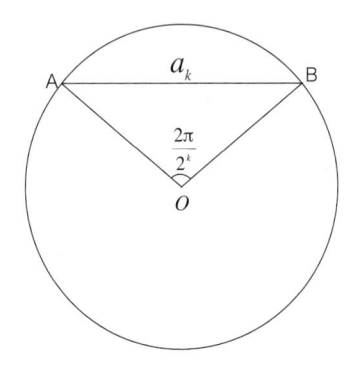

直径 1 の円に内接する正 2^n 角形の一辺の長さ $AB = a_k$ は

$\angle AOB = \dfrac{\pi}{2^{k-1}}$ とすると $a_k = \sin \dfrac{\pi}{2^k}$ だから

$$s_k = 2^k a_k = 2^k \sin \frac{\pi}{2^k}$$

$$\delta_k = \frac{s_{k+1} - s_k}{s_k - s_{k-1}} = \frac{2^{k+1} \sin \dfrac{\pi}{2^{k+1}} - 2^k \sin \dfrac{\pi}{2^k}}{2^k \sin \dfrac{\pi}{2^k} - 2^{k-1} \sin \dfrac{\pi}{2^{k-1}}}$$

$\theta = \dfrac{\pi}{2^{k+1}}$ とおくと

$$\delta_k = \frac{4\sin\theta - 2\sin 2\theta}{2\sin 2\theta - \sin 4\theta} = \frac{1}{2\cos\theta(1 + \cos\theta)}$$

ここで $k \to \infty$ のとき $\theta \to 0$ だから

$$\lim_{k \to \infty} \delta_k = \frac{1}{4}$$

となる．関はここで $\{s_k\}$ は $k \geq 15$ において階差 $\{s_{k+1} - s_k\}$ が公比 $\dfrac{1}{4}$ の等比数列になると見なし，増約術より

$$\pi \approx s_\infty = s_{16} + \frac{(s_{16} - s_{15})(s_{17} - s_{16})}{(s_{16} - s_{15}) - (s_{17} - s_{16})}$$

と計算したのである．

4.2.4 建部賢弘の算法

建部賢弘 (1664〜1739) は将軍吉宗への献上本として『綴術算経』(1722) を書き，その〔探円数第十一〕で正 2^{10} 角形より円周率を 40 桁まで求めた．その方法を紹介する．

建部は関の s_n に対してその平方

$$p_n = s_n^2 \quad (n = 3,\ 4,\ \cdots\cdots,\ 10)$$

を計算した．関と同じように

$$\Delta_n = \frac{p_{n+1} - p_n}{p_n - p_{n-1}} \longrightarrow \frac{1}{4} \quad \cdots\cdots (6.1)$$

を見抜き，p_2, p_3, p_4 に増約術を使うと

$$p_3^{(1)} = p_3 + \frac{p_4 - p_3}{1 - \frac{1}{4}} = p_3 + \frac{4}{3} \cdot \frac{1}{4}(p_3 - p_2) = p_3 + \frac{1}{3}(p_3 - p_2)$$

同じく，p_3, p_4, p_5 に増約術より

$$p_4^{(1)} = p_4 + \frac{1}{3}(p_4 - p_3)$$

以下同様に

$$p_{10}^{(1)} = p_{10} + \frac{1}{3}(p_{10} - p_9)$$

ここで新しく作った数列 $p_3^{(1)}, p_4^{(1)}, \cdots\cdots$ を一遍約周冪という．この極限を考えるのであるが，

$$\Delta_n^{(1)} = \frac{p_{n+1}^{(1)} - p_n^{(1)}}{p_n^{(1)} - p_{n-1}^{(1)}} \longrightarrow \frac{1}{16}$$

を推定した建部はさらに $p_n^{(1)}$ に増約術を使い，上と同様に

$$\begin{aligned}
p_4^{(2)} &= p_4^{(1)} + \frac{p_5^{(1)} - p_4^{(1)}}{1 - \frac{1}{16}} = p_4^{(1)} + \frac{16}{15}(p_5^{(1)} - p_4^{(1)}) \\
&= p_4^{(1)} + \frac{1}{15}(p_4^{(1)} - p_3^{(1)}) \\
p_5^{(2)} &= p_5^{(1)} + \frac{1}{15}(p_5^{(1)} - p_4^{(1)}) \\
&\vdots \\
p_{10}^{(2)} &= p_{10}^{(1)} + \frac{1}{15}(p_{10}^{(1)} - p_9^{(1)})
\end{aligned}$$

このようにして得た $p_4^{(2)}, p_5^{(2)}, \cdots\cdots$ を二遍約周冪という．この極限を考えるについて

$$\Delta_n^{(2)} = \frac{p_{n+1}^{(2)} - p_n^{(2)}}{p_n^{(2)} - p_{n-1}^{(2)}} \longrightarrow \left(\frac{1}{4}\right)^3$$

を推定し，以下同じことを繰り返して三遍約周冪

$$p_5^{(3)} = p_5^{(2)} + \frac{p_5^{(2)} - p_4^{(2)}}{63}$$

$$\vdots$$

$$p_{10}^{(3)} = p_{10}^{(2)} + \frac{p_{10}^{(2)} - p_9^{(2)}}{63}$$

が得られる．これを繰り返し，八遍約周冪

$$p_{10}^{(8)} = p_{10}^{(7)} + \frac{p_{10}^{(7)} - p_9^{(7)}}{4^8 - 1}$$

まで求められる．そして，

$$
\begin{aligned}
\pi &= \sqrt{p_{10}^{(8)}} \\
&= 3.1415926535897932384626433832795028841971\,2\,\text{強}
\end{aligned}
$$

と求めた．これは小数第 40 位まで正しい．

4.2.5 建部の検証

建部の計算を Mathematica で検証する．まず $p_3, p_4, \cdots, p_{10}$ を求める．

```
p[n_]:=(1-Sqrt[1-a[n-1]^2])*2^(2n-1)
For[k=3,k<=10,k=k+1,Print[N[p[k],40]]]
```
9.372583002030479219172980412644830742891
9.743419838555295215592551757211099286731
9.837936433546010047394695099269613069352
9.861679775340776970573920031785120613432
9.867622767227758880591013813447111121282

9.86910896278011524659119173886945361720
9.86948053964673231795110590765801791731
9.86957343561211865179738416468922260927

$\Delta_n \longrightarrow \dfrac{1}{4}$ の検証

```
d[n_]:=(p[n+1]-p[n])/(p[n]-p[n-1])
For[k=4,k<=10,k=k+1,Print[N[d[k],40]]]
```
0.2548738034669052744113409839775038619801
0.2512081798661857569240607504284498572531
0.2503014082159132508733810727981715833109
0.2500753123375229434001376795480229336333
0.2500188256033571758830819728388593385090
0.2500047062457949204249493621023208349916
0.2500011765517587629586160932508389228774

$\Delta_n^{(1)} \longrightarrow \dfrac{1}{16}$ の検証

```
p1[n_]:=p[n]+(p[n]-p[n-1])/3
d1[n_]:=(p1[n+1]-p1[n])/(p1[n]-p1[n-1])
For[k=5,k<=10,k=k+1,Print[N[d1[k],40]]]
```
0.0631813325789335003232379204270663137370
0.0626696499713402409120503847716484765223
0.0625423699248145012472922492001967115578
0.0625105898227348737097959768974578342390
0.0625026472895611654811232178058740009909
0.0625006618120081277557090152841295724593

$p_{10}^{(8)}$ を求めるには

$$p_{n+1} = 2^{n+1}\left(2^n - \sqrt{2^{2n} - p_n}\right)$$

の関係を利用する．$\sqrt{p_{10}^{(8)}}$ を 50 桁の精度で求める．

```
p[1]:=4
```

```
p[n_]:=2^n(2^(n-1)-Sqrt[2^(2n-2)-p[n-1]])
p1[n_]:=p[n]+(p[n]-p[n-1])/3
p2[n_]:=p1[n]+(p1[n]-p1[n-1])/15
p3[n_]:=p2[n]+(p2[n]-p2[n-1])/63
p4[n_]:=(256*p3[n]-p3[n-1])/255
p5[n_]:=(1024*p4[n]-p4[n-1])/1023
p6[n_]:=(4096*p5[n]-p5[n-1])/4095
p7[n_]:=(16384*p6[n]-p6[n-1])/16383
p8[n_]:=(65536*p7[n]-p7[n-1])/65535
N[Sqrt[p8[10]],50]
```
3.14159265358979323846264338327950288327685860 22263

3.14159265358979323846264338327950288419716939 93751=π の真の値

このようにMathematicaでも36桁までしか正しくでない.

4.2.6 建部の論理

(6.1) の証明は関の場合と同じようにできる.

$$\Delta_k = \frac{p_{k+1} - p_k}{p_k - p_{k-1}} = \frac{2^{2k+2}\sin^2\dfrac{\pi}{2^{k+1}} - 2^{2k}\sin^2\dfrac{\pi}{2^k}}{2^{2k}\sin^2\dfrac{\pi}{2^k} - 2^{2k-2}\sin^2\dfrac{\pi}{2^{k-1}}}$$

$$= \frac{16\sin^2\dfrac{\pi}{2^{k+1}} - 4\sin^2\dfrac{\pi}{2^k}}{4\sin^2\dfrac{\pi}{2^k} - \sin^2\dfrac{\pi}{2^{k-1}}}$$

$\theta = \dfrac{\pi}{2^{k+1}}$ とおくと

$$\Delta_k = \frac{16\sin^2\theta - 4\sin^2 2\theta}{4\sin^2 2\theta - \sin^2 4\theta} = \frac{1}{4\cos^4\theta}$$

ここで，$k \to \infty$ のとき $\theta \to 0$ だから

$$\lim_{k \to \infty} \Delta_k = \frac{1}{4}$$

となる．

4.2.7 増約術の精度

関，建部がさかんに使った増約術の精度を調べてみる．$\theta = \dfrac{\pi}{2^k}$ とすると

$$s_k = 2^k \sin \theta = 2^k \left(\theta - \frac{\theta^3}{3!} + \frac{\theta^5}{5!} - \frac{\theta^7}{7!} + \cdots \right)$$

$$= \pi - \frac{\pi^3}{3!} \left(\frac{1}{2^k} \right)^2 + \frac{\pi^5}{5!} \left(\frac{1}{2^k} \right)^4 - \frac{\pi^7}{7!} \left(\frac{1}{2^k} \right)^6 + \cdots$$

$r = \dfrac{1}{4}$, $\alpha_n = (-1)^n \dfrac{\pi^{2n+1}}{(2n+1)!}$ とおくと

$$s_k = \pi + \alpha_1 r^k + \alpha_2 r^{2k} + \alpha_3 r^{3k} + \cdots$$

関がしたようにこの s_{15}, s_{16}, s_{17} に増約術を施すと

$$\begin{aligned}
s_\infty &= s_{16} + \frac{s_{17} - s_{16}}{1 - r} \\
&= s_{16} + \frac{r}{1 - r}(s_{16} - s_{15}) \\
&= \frac{s_{16} - r s_{15}}{1 - r} \\
&= \pi - \alpha_2 r^{31} + \cdots
\end{aligned}$$

であるから，s_∞ と π との差は約

$$-\alpha_2 r^{31} = -\frac{\pi^5}{5!} \cdot \left(\frac{1}{4} \right)^{31} = -5.52979 \times 10^{-19}$$

よって，内接正 2^{17} 角形の周長からは最大小数 18 位まで求まる．

関の増約術によると小数第 18 位まで正しい値が出ているが，孝和はなぜかそのうち 11 位までしか採用していない．建部も 40 位まで正しく算出したが，その値がどこまで正しいかは自信がなかったようである．ただ，内接正 2^{10} 角形の周長から建部の算法で計算したとしても，最大小数 37 位までしか正しく求まらないことがわかっている．あと 3 桁をどのように求めたかについては，和田 [2] に詳しい．

4.2.8 宅間流の円周率

建部が『綴術算経』を書いた同年 (1722 年)，大阪の和算家鎌田俊清が『宅間流円理』を書き，その中で円周率を求めているので，その術を簡単に紹介しておこう．『宅間流円理』は全五巻の稿本で，次のような署名と年期がある．
巻之一：鎌田俊清　享保 7 年 (1722)
巻之三：松岡能一 (25 歳) 宝暦 11 年 (1761)
巻之四：宅間能清，阿座見俊次，鎌田俊清　元文 3 年 (1738)
巻之四には天明 5 年 (1785) 高橋至時の序文があり，巻之五には『算法点竄指南録』(1815) が引用されている．したがって，巻之四は 1785 年，巻之五は 1815 年以降に書かれたことになり，巻之一の年期 (享保 7 年) もにわかに信じがたいが，内容から見て，関流とは独立に書かれたものと思われる．なお宅間流の系譜は

宅間能清→阿座見俊次→鎌田俊清→内田秀富→松岡能一→高橋至時

このようになっているので，初代宅間能清からの口伝を鎌田

が『宅間流円理』としてまとめたもの，と筆者は考えている．円に内接する正多角形の周長を計算することは関流と同じであるが，その術は微妙に異なっている．直径 1 の円内に，1 辺が $AB = 弦_n$ の正 2^n 角形が書けたとする．弦の長さを求める漸化式は以前と同様で

$$弦_{n+1}{}^2 = \frac{1 - \sqrt{1 - 弦_n{}^2}}{2}$$

である．ここで図のような $亢_n (= AE = BF)$ を考えると，$亢_{n+1} (= AG)$ は

$$\begin{aligned}亢_{n+1}{}^2 &= 1 - 亢_{n+1}{}^2 = 1 - \frac{1 - \sqrt{1 - 弦_n{}^2}}{2} \\ &= \frac{1 + \sqrt{1 - 弦_n{}^2}}{2} = \frac{1 + 亢_n}{2}\end{aligned}$$

ただし，この部分の『宅間流円理』の説明は次のようになっている．(径は直径)

$$径 = 2\,矢_n + 亢_n$$

$$径^2 = (2\,矢_n + 亢_n)^2 = 4\,矢_n{}^2 + 4\,矢_n 亢_n + 亢_n{}^2$$

$$径^2 + 径\,亢_n = 4\,矢_n{}^2 + 4\,矢_n 亢_n + 亢_n{}^2 + (2\,矢_n + 亢_n)\,亢_n$$

$$= 4\,矢_n{}^2 + 6\,矢_n 亢_n + 2\,亢_n{}^2$$

$$\therefore\ \frac{径^2 + 径\,亢_n}{2} = 2\,矢_n{}^2 + 3\,矢_n 亢_n + 亢_n{}^2$$

一方

$$\begin{aligned}亢_{n+1}{}^2 &= \left(\frac{弦_n}{2}\right)^2 + (亢_n + 矢_n)^2 \\ &= 矢_n(亢_n + 矢_n) + (亢_n + 矢_n)^2 \\ &= 2\,矢_n{}^2 + 3\,矢_n 亢_n + 亢_n{}^2\end{aligned}$$

故に $亢_{n+1}{}^2 = \dfrac{径^2 + 径亢_n}{2}$, 　径 $= 1$ だから $亢_{n+1}{}^2 = \dfrac{1 + 亢_n}{2}$

この漸化式より $亢_n$ を求めるのである．$弦_n$ を計算するより $亢_n$ を求める方が計算は楽である．『宅間流円理』には $亢_8$ から $亢_{2^{44}}$ までの値が20丁 (40ページ) を費やして書かれている．

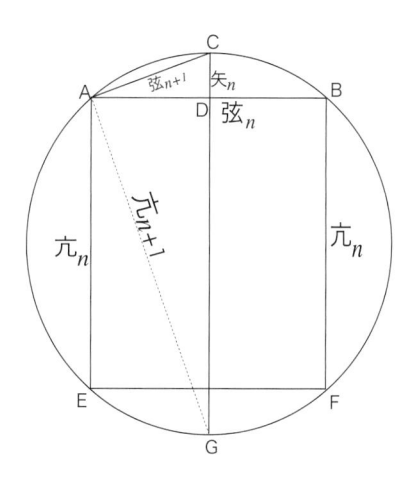

『括要算法』の結果 (p.76) と比較するために，$n = $ 十三万一千七十二角 ($= 2^{17}$ 角形) のときの $亢_n$ をみると，
$亢_n = 0.99999999885102682756267330779455410840053741619428 21234$

となっている．『宅間流円理』にはこれだけしか書かれてないが，これをもとに円周率を計算してみよう．

$弦_n = \sqrt{\dfrac{1 - 亢_n}{2}}$

$=0.00002396844980841821872918657716502182009476 14749$
これは『括要算法』の $弦_{17} = 0.0000239684498084182$ にあたるもので，同じ結果といってよい．よって，内接正 2^{17} 角形

の周長は,

周長 = 弦$_n$ × 2^{17}

=3.14159265328899276527194304217374000346057604

となり,これも『括要算法』の 周$_{17}$ = 3.1415926532889927759 と同じ結果である.関はこの後,増約術を使ったが,宅間流では辺の数を増やし 2^{44}角形 まで計算している.

n = 十七万五千九百卄一億八千六百〇四万四千四百一十六角 $(= 2^{44}$角形) のとき

亢$_n$ = 0.99999999999999999999999993621917645195973825898391382243

$$\begin{aligned}弦_n &= \sqrt{\frac{1-亢_n}{2}} \\ &= 1.785788670980419532533371333660 \times 10^{-13}\end{aligned}$$

よって,内接正 2^{44} 角形の周長は

内周 = 弦$_n$ × 2^{44} = 3.1415926535897932384626433\66582

ここで,鎌田は外接正 2^{44} 角形の周長 丁$_n$ も求めている.比例により

$$\begin{aligned}丁_n &= \frac{弦_n}{\sqrt{1-弦_n}} \\ &= 1.785788670980419532533371362135 \times 10^{-13}\end{aligned}$$

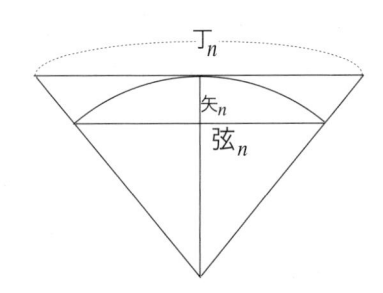

よって，

$$外周 = 丁_n \times 2^n = 3.14159265358979323846264 3416675$$

この外周を求めたことは関流にはなく，宅間流の特徴であり，宅間流が関流とは独立に円周率を考えていた証拠である．この後，内周と外周の平均をとり，

$$均周 = \frac{内周 + 外周}{2} = 3.1415926535897932384 2643391628$$

として，

$$周値 = 3.14159265358979323846 26434$$

と結論している．円周を内周と外周の間に挟むという発想に至っていないことや，この考えを発展させた和算家が出てこなかったことは，和算の特質を考える上で重要かつ興味ある事実である．さらなる研究・考察が必要である．

4.3　Bernoulli 数

関孝和がいわゆる Bernoulli 数を発見していたことはよく知られていることである．『括要算法』巻元に書かれている Bernoulli 数に到達するまでのプロセスを紹介する．

4.3.1　巻元の内容

巻元の目録は垜積総術並演段，垜積術，衰垜術 となっている．垜積総術では〔累裁招差之法〕の一般論が述べられている．こ

れは一種の補間法である．次の〔垜積術解〕では方垜と衰垜
が論じられている．方垜積とは

$$S_p(n) = 1^p + 2^p + 3^p + \cdots\cdots + n^p$$

のことで，$S_1(n)$, $S_2(n)$, $S_3(n)$, $S_4(n)$, $S_5(n)$, $S_6(n)$, $\cdots$ を
順に圭垜積，平方垜積，立法垜積，三乗方垜積，四乗方垜積，
五乗方垜積，$\cdots$ と呼び，n を底子という．衰垜積とは

$$\sum_{k=1}^{n} k(k+1)(k+2)\cdots(k+p-1) = \frac{1}{p+1}n(n+1)(n+2)\cdots(n+p)$$

のことで，$p = 1, 2, 3, 4 \cdots$ の順に圭衰垜積，三角衰垜積，
再乗衰垜積，三乗衰垜積 $\cdots$ という．

関は方垜積 $S_p(n)$ の一般公式を求めようとして Bernoulli 数
に到達したようである．Jakob Bernoulli (1654〜1705) は *Ars
Conjectandi* (1713) [1] で

$$S_p(n) = \frac{1}{p+1}n^{p+1} + \frac{1}{2}n^p + B_1\frac{p}{2}n^{p-1} - B_2\frac{p(p-1)(p-2)}{2\cdot 3\cdot 4}n^{p-3}$$
$$+ B_3\frac{p(p-1)(p-2)(p-3)(p-4)}{2\cdot 3\cdot 4\cdot 5\cdot 6}n^{p-5}$$
$$- B_4\frac{p(p-1)(p-2)(p-3)(p-4)(p-5)(p-6)}{2\cdot 3\cdot 4\cdot 5\cdot 6\cdot 7\cdot 8}n^{p-7} + \cdots\cdots$$

を与えた．ここで，B_1, B_2, B_3, B_4 $\cdots$ が Bernoulli 数とよ
ばれるもので[2]，

$$B_1 = \frac{1}{6},\ B_2 = \frac{1}{30},\ B_3 = \frac{1}{42},\ B_4 = \frac{1}{30},\ B_5 = \frac{5}{66},\ \cdots$$

である．

---

[1] Jacob の死後甥の Nicolaus Bernoulli が出版したもの
[2] [5] によると Bernoulli 数という命名は 1730 年に de Moivre (1667〜
1754) が与えたとある．

4.3.2 累裁招差法

累裁招差法とは，$y = a_n x^n + a_{n-1} x^{n-1} + \cdots + a_1 x$ において変数 x, y について n 個の値 $(x_1, y_1), (x_2, y_2), \cdots, (x_n, y_n)$ が与えられたとき，係数 $a_n, a_{n-1}, \cdots, a_1$ を求める方法である．x_i を限数，y_i を元積，$z_i = \dfrac{y_i}{x_i}$ を定積と呼んでいる．『括要算法』により $S_4(n)$ を求めてみよう．

$$S_4(1) = 1^4 = 1$$

$$S_4(2) = 1^4 + 2^4 = 17$$

$$S_4(3) = 1^4 + 2^4 + 3^4 = 98$$

$$S_4(4) = 1^4 + 2^4 + 3^4 + 4^4 = 354$$

$$S_4(5) = 1^4 + 2^4 + 3^4 + 4^4 + 5^4 = 979$$

だから $y = a_5 x^5 + a_4 x^4 + a_3 x^3 + a_2 x^2 + a_1 x$ において
$x_1 = 1$, $y_1 = 1$; $x_2 = 2$, $y_2 = 17$; $x_3 = 3$, $y_3 = 98$; $x_4 = 4$, $y_4 = 354$; $x_5 = 5$, $y_5 = 979$ として各係数 a_i を求めることにする．

$$z_1 = 1, \ z_2 = \frac{17}{2}, \ z_3 = \frac{98}{3}, \ z_4 = \frac{354}{4}, \ z_5 = \frac{979}{5}$$

となる．

$$w_i = \frac{z_{i+1} - z_i}{x_{i+1} - x_i}, \ u_i = \frac{w_{i+1} - w_i}{x_{i+2} - x_i}, \ v_i = \frac{u_{i+1} - u_i}{x_{i+3} - x_i}$$

とおくと，

$$w_1 = \frac{z_2 - z_1}{x_2 - x_1} = \frac{15}{2}$$

$$w_2 = \frac{z_3 - z_2}{x_3 - x_2} = \frac{145}{6}$$

$$w_3 = \frac{z_4 - z_3}{x_4 - x_3} = \frac{335}{6}$$

$$w_4 = \frac{z_5 - z_4}{x_5 - x_4} = \frac{1073}{10}$$

$$u_1 = \frac{w_2 - w_1}{x_3 - x_1} = \frac{25}{3}$$

$$u_2 = \frac{w_3 - w_2}{x_4 - x_2} = \frac{95}{6}$$

$$u_3 = \frac{w_4 - w_3}{x_5 - x_3} = \frac{386}{15}$$

$$v_1 = \frac{u_2 - u_1}{x_4 - x_1} = \frac{5}{2}$$

$$v_2 = \frac{u_3 - u_2}{x_5 - x_2} = \frac{33}{10}$$

より

$$a_5 = \frac{v_2 - v_1}{x_5 - x_1} = \frac{1}{5}$$

と求まる．

そこで次に $y = a_4 x^4 + a_3 x^3 + a_2 x^2 + a_1 x$ において $z_i - a_5 \cdot x_i^4$ を新たに z_i (第二術定積と呼ぶ) として a_4 を求めればよい．($i = 1, 2, 3, 4, 5$) この第二術定積を $\overline{z_i}$ と書き，以下すべて ¯ をつけて書くことにすると，

$$\overline{z_1} = \frac{4}{5},\ \overline{z_2} = \frac{53}{10},\ \overline{z_3} = \frac{247}{15},\ \overline{z_4} = \frac{373}{10}$$

となる．

$$\overline{w_1} = \frac{\overline{z_2} - \overline{z_1}}{x_2 - x_1} = \frac{9}{2}$$

$$\overline{w_2} = \frac{\overline{z_3} - \overline{z_2}}{x_3 - x_2} = \frac{67}{6}$$

$$\overline{w_3} = \frac{\overline{z_4} - \overline{z_3}}{x_4 - x_3} = \frac{125}{6}$$

4　括要算法から

$$\overline{u_1} = \frac{\overline{w_2} - \overline{w_1}}{x_3 - x_1} = \frac{10}{3}$$

$$\overline{u_2} = \frac{\overline{w_3} - \overline{w_2}}{x_4 - x_2} = \frac{29}{6}$$

より

$$a_4 = \frac{\overline{u_2} - \overline{u_1}}{x_4 - x_1} = \frac{1}{2}$$

と求まる.

さらに，第三術定積 $\overline{\overline{z_i}} = \overline{z_i} - a_4 \cdot x_i^3$ は

$$\overline{\overline{z_1}} = \frac{3}{10},\ \overline{\overline{z_2}} = \frac{13}{10},\ \overline{\overline{z_3}} = \frac{89}{30}$$

となり，

$$\overline{\overline{w_1}} = \frac{\overline{\overline{z_2}} - \overline{\overline{z_1}}}{x_2 - x_1} = 1$$

$$\overline{\overline{w_2}} = \frac{\overline{\overline{z_3}} - \overline{\overline{z_2}}}{x_3 - x_2} = \frac{5}{3}$$

より

$$a_3 = \frac{\overline{\overline{w_2}} - \overline{\overline{w_1}}}{x_3 - x_1} = \frac{1}{3}$$

と求まる.

さらに第四術定積 $\overline{\overline{\overline{z_i}}} = \overline{\overline{z_i}} - a_3 \cdot x_i^2$ は

$$\overline{\overline{\overline{z_1}}} = -\frac{1}{30},\ \overline{\overline{\overline{z_2}}} = -\frac{1}{30}$$

よって $a_2 = 0,\ a_1 = -\frac{1}{30}$ となる. 以上より

$$S_4(n) = \frac{1}{5}n^5 + \frac{1}{2}n^4 + \frac{1}{3}n^3 - \frac{1}{30}n$$

が得られる.

4.3.3 取数

関はこのようにして五乗方垜 $S_6(n)$ まで計算し，以下のような表にまとめている．

空	八級	ϕ						
取数 $\frac{1}{42}$ 加	七級	7	ϕ					
空	六級	21	6	ϕ				
取数 $\frac{1}{30}$ 減	五級	35	15	5	ϕ			
空	四級	35	20	10	4	ϕ		
取数 $\frac{1}{6}$ 加	三級	21	15	10	6	3	ϕ	
取数 $\frac{1}{2}$ 加	二級	7	6	5	4	3	2	1
全	一級	1	1	1	1	1	1	1
		五乗 7	四乗 6	三乗 5	立 4	平 3	圭 2	基数 原法

ここで，原法は $p+1$ を表し，各級数は二項係数を表している．ϕ は二項係数表では 1 であるが，方垜を求めるときは 0 とする，という意味である．取数が Bernoulli 数とよばれるものである．先ほどの三乗方垜 $S_4(n)$ はこの表の基数三乗の欄を見て, 全体を原法の 5 で割り

$$S_4(n) = \frac{1}{5}\left(-\frac{5}{30}n + 0\,n^2 + \frac{10}{6}n^3 + \frac{5}{2}n^4 + n^5\right)$$

とすればよいのである．次の取数 $\frac{1}{42}$ の決め方については，五乗方垜演段として次のように述べている．

　　五乗方垜演段
　　置基数六自乗之得数與一箇相消得式〇置二級数七
　　箇取二分之一得三箇二分箇之一三級数二十一箇取
　　六分之一得三箇二分箇之一四級取数空一級数一箇

4 括要算法から   97

　　　三位相併共得八箇寄位○置五級数三十五箇取三十
　　　分之一得一箇六分箇之一六級取数空以減寄位除六
　　　箇六分箇之五通分内子得四十一再寄○置五乗方垜
　　　原法七以分母六相乗得四十二内減再寄除一為実○
　　　置七級数七箇以分母六相乗得四十二為法実如法而一
　　　得四十二分之一為加是逐乗七級之取数也除皆倣之

一文ごとの題意は次のようになる．

- "置基数六自乗之得数與一箇相消得式"：
  基数 $n+1$ を 7 乗して 1 を引くと

  $$(n+1)^7 - 1 = n^7 + 7n^6 + 21n^5 + 35n^4 + 35n^3 + 21n^2 + 7n$$

  で，この係数が五乗の列の一級，二級，三級，$\cdots$，七級であることをいっている．

- "置二級数七箇取二分之一得三箇二分箇之一"：

  $$(二級数\ 7) \times \frac{1}{2} = 3\frac{1}{2}$$

- "三級数二十一箇取六分之一得三箇二分箇之一"：

  $$(三級数\ 21) \times \frac{1}{6} = 3\frac{1}{2}$$

- "四級取数空一級数一箇三位相併共得八箇寄位"：
  四級取数は 0，一級数は 1 でこれら 3 数を加えて $1 + \frac{7}{2} + \frac{21}{6} = 8$

- "置五級数三十五箇取三十分之一得一箇六分箇之一"：

$(五級数\ 35) \times \dfrac{1}{30} = 1\dfrac{1}{6}$

- "六級取数空以減寄位除六箇六分箇之五通分内子得四十一再寄":
  六級取数は 0 で，$8 - \dfrac{35}{30} = \dfrac{41}{6}$

- "置五乗方垜原法七以分母六相乗得四十二内減再寄除一為実":
  (原法 7) $- \dfrac{41}{6} = \dfrac{1}{6}$

- "置七級数七箇以分母六相乗得四十二為法実如法而一得四十二分之一為加是逐乗七級之取数也":
  $\dfrac{1}{6} \div (七級数\ 7) = \dfrac{1}{42}$ が七級の取数である

$S_p(n)$ の各係数の和が 1 になることを利用したこの演段は，関が Bernoulli 数を発見していたことの根拠になる重要な文言であり，関が巻元でもっとも言いたかったことである．関は五乗方垜までしか書いてないが，この術で八級の取数を計算してみると

$$\left\{ 8 - \left(1 + \dfrac{8}{2} + \dfrac{28}{6} - \dfrac{70}{30} + \dfrac{28}{42} \right) \right\} \div 8 = 0$$

となる．『括要算法』では十乗方垜まで式図として示している．関はこのようにして取数の algorithm を得たのである．これらの取数 $\dfrac{1}{2},\ \dfrac{1}{6},\ 0,\ -\dfrac{1}{30},\ 0,\ \dfrac{1}{42},\ 0,\ -\dfrac{1}{30},\ 0,\ \dfrac{5}{66},\ \ldots\ldots$ は Bernoulli が与えたものと同じである．関の功績を称え Bernoulli 数を '取数' と呼ぼうではないか．関孝和の Bernoulli

4.4 角術

和算では，正多角形の内接円の半径を平中径，外接円の半径を角中径と言う．『括要算法』には二十角形までの平中径や角中径の算出方法が書かれている．ここでは五角形，十九角形，二十角形の角中径について解説する．

4.4.1 五角形

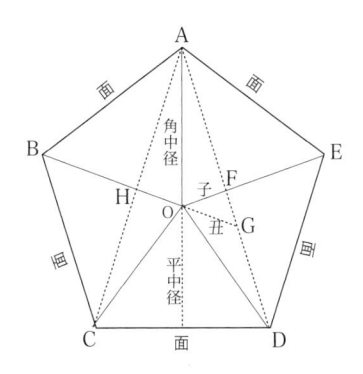

以後，角中径を角，平中径を平，一辺を面と書くことにし，正五角形 ABCDE において，$OF = 子$, $OG = 丑$ とする．まず，

$$\triangle AOD = \frac{1}{2} AO \cdot HD = \frac{1}{2} AD \cdot OF$$

$$\triangle AOE = \frac{1}{2} OE \cdot AF = \frac{1}{2} AE \cdot 平$$

より

$$角^2 = 4\,子 \cdot 平 \cdots ⑤$$

が成り立つ．次に，四角形 ABCG がひし形であるので $BH = HG$ となり，
$AB^2 - AO^2 = BH^2 - HO^2 = (BH+HO)(BH-HO)$
より

$$面^2 - 角^2 = 丑 \cdot 角 \cdots ⑥$$

鈎股弦の術 (三平方の定理) より

$$4\,角^2 - 面^2 = 4\,平^2 \cdots ⑦$$

がいえ，⑥ × ⑦ より

$$-面^2 + 5\,面^2 角^2 - 4\,角^4 = 4\,平^2 丑 \cdot 角 \cdots ⑧$$

ところで，$\triangle OGF$ と $\triangle OID$ の比例より 平・丑 = 子・角 がいえるので ⑧ は

$$-面^4 + 5\,面^2 角^2 - 4\,角^4 = 4\,子 \cdot 平 \cdot 角^2 \cdots ⑨$$

⑤ を代入し，面 = 1 とすると ⑨ は

$$5\,角^4 - 5\,角^2 + 1 = 0$$

となる．この角についての四次方程式を組立除法で解いて，角 = 0.850650808 としている．なお『括要算法』では角中径の前に，同じような方法で 平中径 = 0.68819096 と正五角形の面積 = $0.68819096 \times 2.5 = 1.7204774$ を求めている．

4.4.2 十九角形

正 19 角形の対角線 (次ページ図の点線) を短い方から順に $A_0A_2 =$ 参, $A_0A_3 =$ 柳, $A_0A_4 =$ 星, $A_0A_5 =$ 軫, $A_0A_6 =$ 斗,

$A_0A_7 =$ 牛, $A_0A_8 =$ 女, $A_0A_9 =$ 亢 とする．中心 O から各対角線に下ろした垂線 (実線) を順に虚 $(= r_2)$, 危 $(= r_3)$, 室 $(= r_4)$, 壁 $(= r_5)$, 奎 $(= r_6)$, 婁 $(= r_7)$, 胃 $(= r_8)$, 昴 $(= r_9)$ とする．柳と虚の交点を B_3, 星と危の交点を B_4, 軫と室の交点を B_5, 斗と壁の交点を B_6, 牛と奎の交点を B_7, 女と婁の交点を B_8, 亢と胃の交点を B_9 とし, $OB_3 =$ 畢, $OB_4 =$ 房, $OB_5 =$ 井, $OB_6 =$ 心, $OB_7 =$ 張, $OB_8 =$ 尾, $OB_9 =$ 翼 とする．このとき，次の ①〜⑧ の関係が成り立つ．なお，ここで用いた文字は二十八宿

> 角 (かく/すぼし)・亢 (こう/あみぼし)・氐 (てい/ともぼし)・房 (ぼう/そいぼし)・心 (しん/なかごぼし)・尾 (び/あしたれぼし)・箕 (き/みぼし)・斗 (と/ひきつぼし)・牛 (ぎゅう/いなみぼし)・女 (じょ/うるきぼし)・虚 (きょ/とみてぼし)・危 (き/うみやめぼし)・室 (しつ/はついぼし)・壁 (へき/なまめぼし)・奎 (けい/とかきぼし)・婁 (ろう/たたらぼし)・胃 (い/えきえぼし)・昴 (ぼう/すばるぼし)・畢 (ひつ/あめふりぼし)・觜 (し/とろきぼし)・参 (しん/からすきぼし)・井 (せい/ちちりぼし)・鬼 (き/たまおのほし)・柳 (りゅう/ぬりこぼし)・星 (せい/ほとおりぼし)・張 (ちょう/ちりこぼし)・翼 (よく/たすきぼし)・軫 (しん/みつかけぼし)

和算では甲・乙・丙・… の十干，子・丑・寅・… の十二支とこの二十八宿，それに乾・坤，天・地・人がよく用いられる．

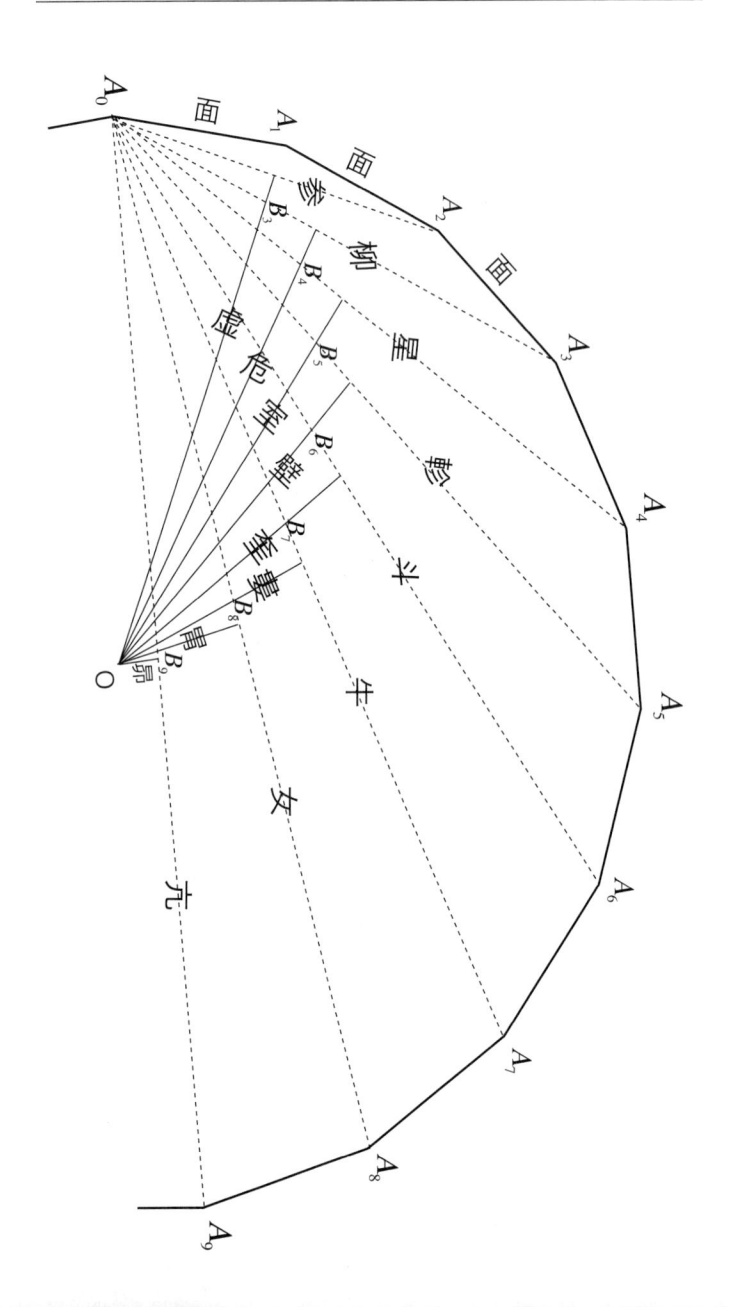

4.4 角術

4 括要算法から

① $2A_0A_k \cdot r_k = 角 \cdot A_0A_{2k}$ （ただし，$OA_1 = 面$, $r_1 = 平$）

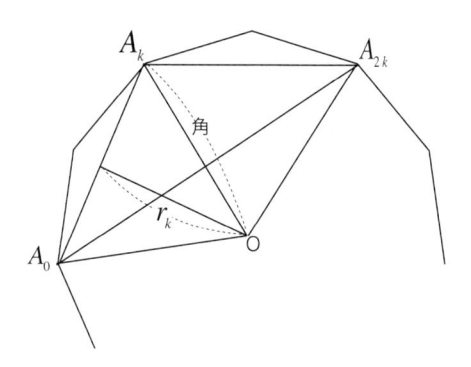

$2\triangle OA_0A_k = $ 四角形 $OA_0A_kA_{2k}$ より導ける．

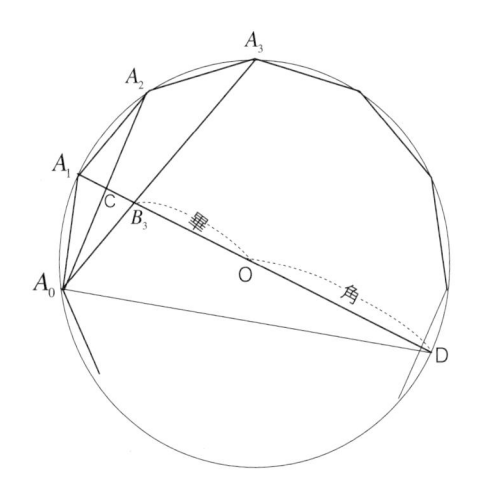

② $角^2 - 面^2 = 角 \cdot 畢$

$A_1C = \dfrac{角 - 畢}{2}$, $A_1D = 2角$ で，相似比 $A_0A_1 : A_1C = A_1D : A_0A_1$ より導ける．

③ $OB_{k-1} + OB_{k+1} = 2r_k$

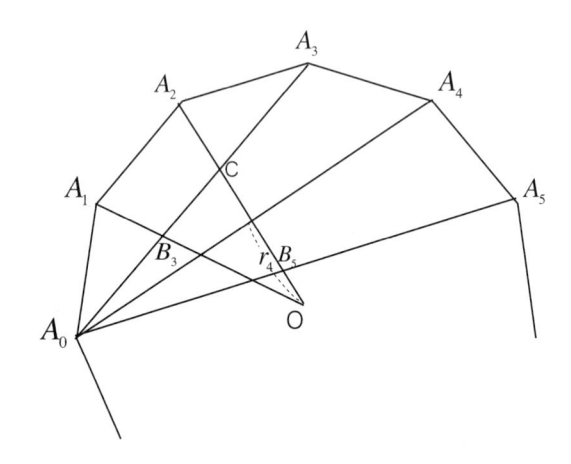

どの k でも同じなので $k=4$ でみると，$OB_3 = OC$ だから $r_4 = \dfrac{OB_5 + OC}{2} = \dfrac{OB_5 + OB_3}{2}$

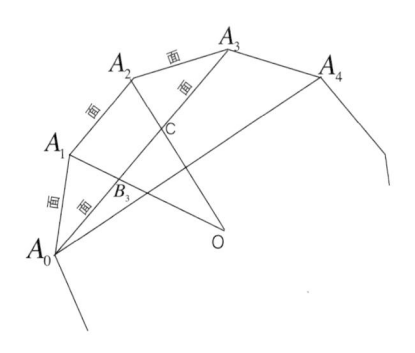

④ 面 $(2\,\text{角} + \text{畢}) = \text{角} \cdot \text{柳}$

$OB_3 = OC = $ 畢 で $A_1A_2 : OA_1 = B_3C : OB_3$ より

$B_3C = \dfrac{畢}{角}面$, $A_0A_3 = A_0B_3 + B_3C + CA_3$ だから

柳 $= 面 + \dfrac{畢}{角}面 + 面$ より導ける.

⑤ $面(2角 + 畢 + 2室) = 角 \cdot 軫$

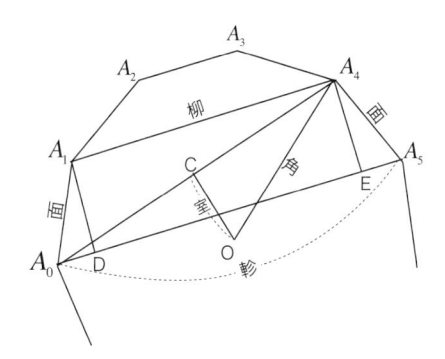

$A_0A_1 : A_0D = OA_4 : OC$ より $A_0D = \dfrac{室}{角}面$

$A_0A_5 = A_0D + DE + EA_5$ だから

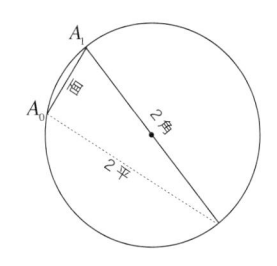

軫 $= \dfrac{室}{角}面 + 柳 + \dfrac{室}{角}面$ と ④ より導ける.

⑥ $4\,平^2 + 面^2 = 4\,角^2$

鈎股弦の術 (三平方の定理) より

$\boxed{7}$ $2\,\text{角}^2 - A_0A_k{}^2 = 2\,\text{角}\cdot r_{2k}$

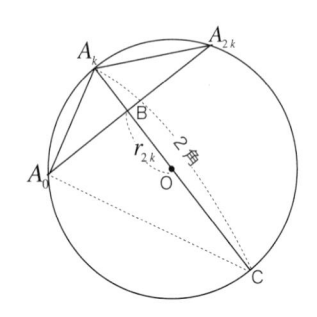

$A_0A_k : A_kB = A_kC : A_0A_k$ より

$\boxed{8}$ 平$\cdot OB_k =$ 角$\cdot r_k$ （角：平 $= OB_k : r_k$ より）

これらの関係を使って，角中径を求める方程式を作る．まず $\boxed{2}$ より

$$\text{角}^2 - \text{面}^2 = \text{角}\cdot\text{畢} \cdots \text{㋑}$$

だから

$$3\,\text{角}^2 - \text{面}^2 = 2\,\text{角}^2 + \text{角}\cdot\text{畢} \cdots \text{㋺}$$

$\boxed{6}$ と $\boxed{1}\,(k=1)$ より

$$(4\,\text{角}^2 - \text{面}^2)\text{面}^2 = 4\,\text{平}^2\text{面}^2 = \text{角}^2\text{参}^2 \cdots \text{㋩}$$

$\boxed{7}\,(k=2)$ より $2\,\text{角}^4 - \text{角}^2\text{参}^2 = 2\,\text{角}^3\cdot\text{室}$ だから

$$2\,\text{角}^4 - 4\,\text{面}^2\text{角}^2 + \text{面}^4 = 2\,\text{室}\cdot\text{角}^3 \cdots \text{㋥}$$

㋑ より 角$^2($角$^2 -$ 面$^2) =$ 角^{3}畢 だから ㋥ より辺々引き算し，$\boxed{3}\,(k=4)$ を使うと

$2\,\text{角}^4 - 4\,\text{面}^2\text{角}^2 + \text{面}^4 - \text{角}^2(\text{角}^2 - \text{面}^2) = 2\,\text{室}\cdot\text{角}^3 - \text{角}^3\text{畢} = \text{角}^3\text{井}$

ゆえに
$$角^4 - 3角^2 面^2 + 面^4 = 角^3 井 \cdots ㉒$$

$角^2 \times ㉔ + ㉕$ より

$$5角^4 - 5角^2 面^2 + 面^4 = 角^3(2角 + 畢) + 2角^3 室$$

⑤ より $角^3(2角 + 畢) + 2角^3 室 = 角^4 \dfrac{軫}{面}$ だから

$$5角^4 - 5角^2 面^2 + 面^4 = 角^4 \dfrac{軫}{面} \cdots ㉖$$

④ より $㉔^2 \times 面^2 = 角^2(2角 + 畢)^2 面^2 = 角^4 柳^2$ だから ⑦ $(k=3)$ より

$$\begin{aligned}
2角^6 - (3角^2 - 面^2)^2 \times 面^2 &= 2角^6 - 角^4 柳^2 \\
&= 角^4(2角^2 - 柳^2) \\
&= 2角^5 奎
\end{aligned}$$

ゆえに

$$2角^6 - 9角^4 面^2 + 6角^2 面^4 - 面^6 = 2角^5 奎 \cdots ㉗$$

⑦ $(k=1)$ より $2角^2 - 面^2 = 2角 \cdot 虚$ だから ① $(k=2)$ より

$$(2角^2 - 面^2) \times ㉙ = (2角 \cdot 虚)^2 角^2 参^2 = 角^6 星^2$$

⑦ $(k=4)$ より

$$2角^8 - (2角^2 - 面^2)(4角^2 - 面^2)面^2 = 2角^8 - 角^6 星^2 = 2角^7 胃$$

ゆえに

$$2角^8 - 16角^6 面^2 + 20角^4 面^4 - 8角^2 面^6 + 面^6 = 2角^7 胃 \cdots ㉚$$

③ ($k=6$) より

$$㊗ - 角^2 \times ㊒ = 2\,角^5 奎 - 角^5 井 = 角^5 張$$

③ ($k=8$) より

$$㊓ - (㊗ - 角^2 \times ㊒)\,角^2 = 2\,角^7 胃 - 角^7 張 = 角^7 翼$$

ゆえに

$$角^8 - 10\,角^6 面^2 + 15\,角^4 面^4 - 7\,角^2 面^6 + 面^8 = 角^7 翼$$

これに $㊒ \times ㊕ \times 4\,平^2$ を掛けて

$$
\begin{aligned}
&(角^8 - 10\,角^6 面^2 + 15\,角^4 面^4 - 7\,角^2 面^6 + 面^8) \\
\times\quad &(角^4 - 3\,角^2 面^2 + 面^4)(5\,角^4 - 5\,角^2 面^2 + 面^4) \times 4\,平^2 \\
=\quad &角^7 翼 \times 角^3 井 \times 角^4 \frac{軫}{面} \times 4\,平^2 \\
=\quad &4\,角^{14} 翼 \cdot 井 \cdot \frac{軫}{面} \cdot 平^2 \cdots ㊜
\end{aligned}
$$

⑧ ($k=9$) より $平 \cdot 翼 = 角 \cdot 昴$ だから

$$4\,角^{14} 翼 \cdot 井 \cdot \frac{軫}{面} \cdot 平^2 = 4\,角^{15} 昴 \cdot 井 \cdot \frac{軫}{面} \cdot 平$$

⑧ ($k=5$) より $平 \cdot 井 = 角 \cdot 壁$ だから

$$4\,角^{15} 昴 \cdot 井 \cdot \frac{軫}{面} \cdot 平 = 4\,角^{15} 昴 \cdot \frac{角 \cdot 壁}{平} \cdot \frac{軫}{面} \cdot 平 = 4\,角^{16} 昴 \cdot \frac{壁 \cdot 軫}{面}$$

① ($k=5$) より $2\,軫 \cdot 壁 = 角 \cdot 亢$ だから

$$4\,角^{16} 昴 \cdot \frac{壁 \cdot 軫}{面} = 2\,角^{17} \frac{昴 \cdot 亢}{面}$$

① ($k=9$) より $2\,亢 \cdot 昴 = 角 \cdot 面$ だから

$$2\,角^{17} \frac{昴 \cdot 亢}{面} = 角^{18}$$

ゆえに ㊝ は

$$(\text{角}^8 - 10\,\text{角}^6\text{面}^2 + 15\,\text{角}^4\text{面}^4 - 7\,\text{角}^2\text{面}^6 + \text{面}^8)$$
$$\times\ (\text{角}^4 - 3\,\text{角}^2\text{面}^2 + \text{面}^4) \times (5\,\text{角}^4 - 5\,\text{角}^2\text{面}^2 + \text{面}^4)$$
$$\times\ (4\,\text{角}^2 - \text{面}^2) = \text{角}^{18}$$

となり，面 $= 1$ として

$$19\,\text{角}^{18} - 285\,\text{角}^{16} + 1254\,\text{角}^{14} - 2508\,\text{角}^{12} + 2717\,\text{角}^{10}$$
$$- 1729\,\text{角}^8 + 665\,\text{角}^6 - 152\,\text{角}^4 + 19\,\text{角}^2 - 1 = 0$$

が得られる．

なお『括要算法』では，まず最初に ① で $k = 1,\ 2,\ 3,\ \cdots,\ 9$ として辺々掛け合わせて

$$\text{角}^9 = 512\,\text{平}\cdot\text{虚}\cdot\text{危}\cdot\text{室}\cdot\text{壁}\cdot\text{奎}\cdot\text{婁}\cdot\text{胃}\cdot\text{昴} \cdots ㊕$$

という関係式をつくり，㊝ の右辺について，① を何度も使って

$$4\,\text{角}^{14}\text{翼}\cdot\text{井}\cdot\frac{\text{軫}}{\text{面}}\cdot\text{平}^2 = \text{角}^9 \cdot 512\,\text{平}\cdot\text{虚}\cdot\text{危}\cdot\text{室}\cdot\text{壁}\cdot\text{奎}\cdot\text{婁}\cdot\text{胃}\cdot\text{昴}$$

を導き，㊕ より $4\,\text{角}^{14}\text{翼}\cdot\text{井}\cdot\dfrac{\text{軫}}{\text{面}}\cdot\text{平}^2 = \text{角}^{18}$ としている．上記のようにすれば，この ㊕ は特に必要なく，本質的に同じなので簡略化のために省略した．

4.4.3 二十角形

20 角形の場合はもう少し簡単に求まる．

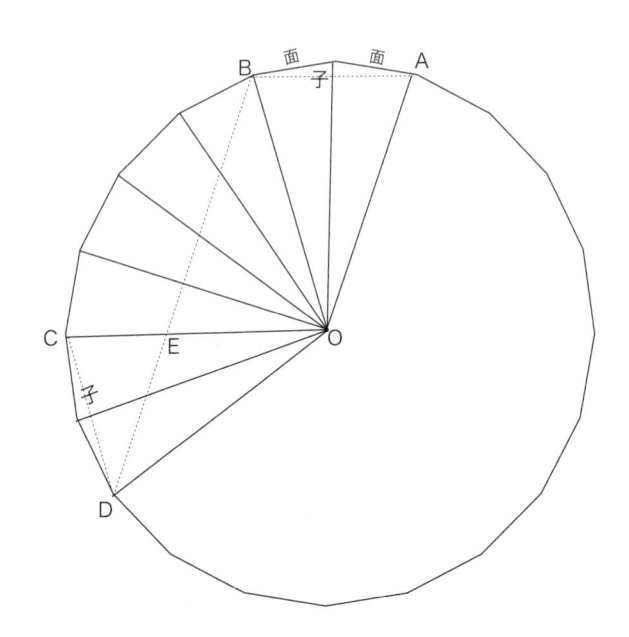

傍 $AB =$ 子 とすると, $DC = DE = EO =$ 子, $BE = OB =$ 角中径 である. 4 角^2 − 面^2 = 4 平^2 だから

$$(4\,\text{角}^2 - \text{面}^2)\,\text{面}^2 = 4\,\text{平}^2\text{面}^2$$

2 平 · 面 = 角 · 子 だから

$$(4\,\text{角}^2 - \text{面}^2)\,\text{面}^2 = \text{角}^2\text{子}^2$$

$CD : CE = BO : OE$ だから 子 : (角 − 子) = 角 : 子, よって 角^2 − 子^2 = 角 · 子, 故に

$$\text{角}^4 - (4\,\text{角}^2 - \text{面}^2)\,\text{面}^2 = \text{角}^4 - \text{角}^2\text{子}^2 = \text{角}^3\text{子}$$

これを自乗して

$$\left\{\text{角}^4 - (4\,\text{角}^2 - \text{面}^2)\,\text{面}^2\right\}^2 = \text{角}^6\text{子}^2 = \text{角}^4(4\,\text{角}^2 - 1)$$

面 = 1 として

$$\text{角}^8 - 12\,\text{角}^6 + 19\,\text{角}^4 - 8\,\text{角}^2 + 1 = 0$$

正20角形までの角中径を求める方程式の係数を表にして示しておこう．

角中径の方程式

次数＼角数	5	7	8	9	10	11	12	13	14	15	16	17	18	19	20
0	-1	-1	-1	-1	-1	-1	-1	-1	-1	-1	1	-1	-1	-1	1
1	0	0	0	0	0	0	0	0	0	0	0	0	0	0	0
2	5	7	4	6	0	11	4	13	-2	7	-8	17	3	19	-8
3	0	0	0	0	-1	0	0	0	0	0	0	0	0	0	0
4	-5	-14	-2	-9		-44	-1	-65	7	-14	20	-152	-8	-2508	19
5		0	0	0		0	0	0		0	0	0	0	0	0
6		7		0		77	0	156		8	-16	442		665	-12
7				3		0	0	0		0	0	0	0	0	0
8						-55		-182	-1	-14	0	-714	17	-1729	1
9						0		0		0	0	0	0	0	
10						11		91		-1	2	1122	3	2717	
11								0				0	0	0	
12								-13				-935	-1	-1729	
13												0		0	
14												204		1254	
15												0		0	
16												-17		-285	
17														0	
18														19	

4.5 角中径の応用

角中径を求める方程式の係数の間にどのような関係があるかを調べ，それを利用して，ある術を証明した和算家がいた．会田安明である．以前にも登場した『算法貫通術』の中で述べているので，それを紹介しておこう．

1   三角形の傍接円について，円径，甲，乙がわかっているとき丙を求める術を作れ．

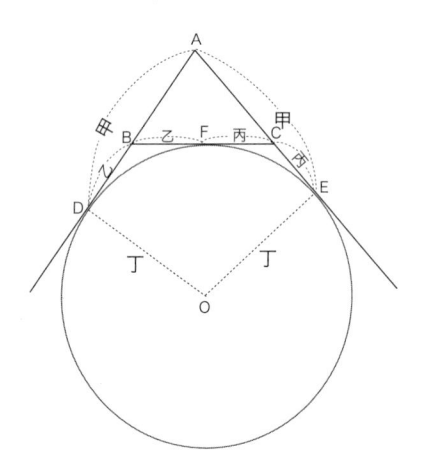

半径を丁とする．

$$\triangle ABC = \text{四角形 } ADOE - \text{五角形 } BDOEC$$
$$= 甲丁 - (乙丁 + 丙丁) = (甲 - 乙 - 丙)丁$$

一方，$\triangle ABC = \sqrt{甲乙丙(甲 - 乙 - 丙)} \cdots$ (H1)
だから

$$(甲 - 乙 - 丙)丁 = \sqrt{甲乙丙(甲 - 乙 - 丙)}$$

従って，

$$(甲 - 乙 - 丙)丁^2 - 甲乙丙 = 0 \qquad (7)$$

2 三角形の内接円について，子，丑，寅がわかっているとき，円径を求める術を作れ．

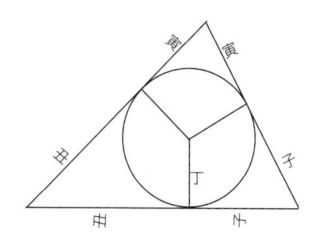

$$三角形の面積 = \sqrt{子丑寅(子 + 丑 + 寅)} \cdots (H2)$$

一方，内接円の半径を丁とすると，

$$三角形の面積 = (子 + 丑 + 寅)丁$$

だから

$$\sqrt{子丑寅(子 + 丑 + 寅)} = (子 + 丑 + 寅)丁$$

従って，

$$(子 + 丑 + 寅)丁^2 - 子丑寅 = 0$$

3 四角形の内接円について，子，丑，寅，卯がわかっているとき，円径を求める術を作れ．

図のように三角形にすると $(甲+丑+寅)丁^2 - 甲丑寅 = 0$
(7) より $(甲-子-卯)丁^2 - 甲子卯 = 0$ で，これらを甲で整理すると
$(丁^2-丑寅)甲 + (丑+寅)丁^2 = 0$
$(丁^2-子卯)甲 - (子+卯)丁^2 = 0$
甲を消去して，丁で整理すると
$(子+丑+寅+卯)丁^2 - (子丑寅+丑寅卯+子丑卯+子寅卯) = 0$

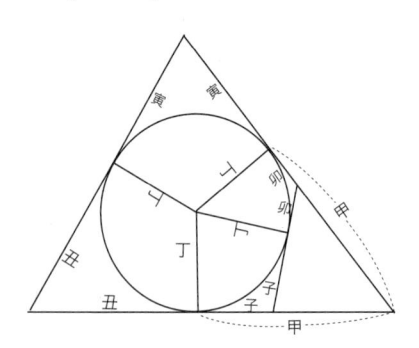

4 五角形の内接円について，子，丑，寅，卯，辰がわかっているとき，円径を求める術を作れ．

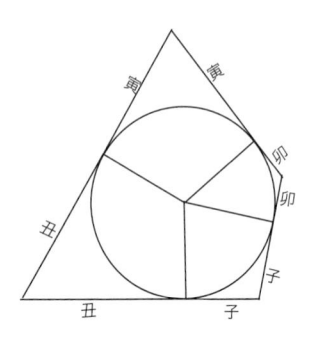

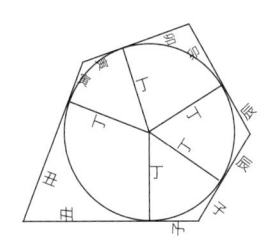

4 括要算法から

図のように四角形にすると (甲 + 丑 + 寅 + 卯) 丁² − (甲丑寅 + 甲丑卯 + 丑寅卯 + 甲寅卯) = 0

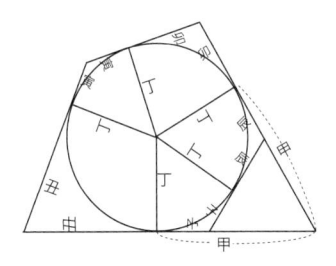

(7) より (甲 − 子 − 辰) 丁² − 甲子辰 = 0 で，これらを甲で整理すると

(丁² − 丑寅 − 丑卯 − 寅卯) 甲 + (丑 + 寅 + 卯) 丁² − 丑寅卯 = 0
(丁² − 子辰) 甲 − (子 + 辰) 丁² = 0

甲を消去して，丁で整理すると

$$丁^4 \sum 子 - 丁^2 \sum 子丑寅 + 子丑寅卯辰 = 0$$

ここで $\sum$ 子 は 子+丑+寅+卯+辰 を，$\sum$ 子丑寅 は子, 丑, 寅, 卯, 辰から3個を取った積の総和，即ち子丑寅 + 子丑卯 + 子丑辰 + 子寅卯 + 子寅辰 + 子卯辰 + 丑寅卯 + 丑寅辰 + 丑卯辰 + 寅卯辰 とする．以下帰納的に求めることができ，会田は12角形までの丁を求める方程式を次ページのような表にまとめている．

4.5 角中径の応用

角数	T^{10}	T^8	T^6	T^4	T^2	定数項
3						$-$子丑
4					$\sum$子	$-\sum$子寅
5					$-\sum$子	子丑寅卯
6				$\sum$子	$-\sum$子寅	$\sum$子丑寅卯
7				$\sum$子	$-\sum$子寅	$-$子丑寅卯辰
8			$\sum$子	$-\sum$子寅	$\sum$子丑寅卯	$-\sum$子丑寅卯辰
9			$\sum$子	$-\sum$子寅	$\sum$子丑寅卯	子丑寅卯辰巳午
10		$\sum$子	$-\sum$子寅	$\sum$子丑寅卯	$-\sum$子丑寅卯辰	子丑寅卯辰巳午
11		$\sum$子	$-\sum$子寅	$\sum$子丑寅卯	$-\sum$子丑寅卯辰	子丑寅卯辰巳午未申
12	$\sum$子	$-\sum$子寅	$\sum$子丑寅卯辰	$-\sum$子丑寅卯辰巳午	$\sum$子丑寅卯辰巳午未申	$-\sum$子丑寅卯辰巳午未申酉戌

なお，ここで例えば 12 角形の場合，$\sum$子 は子，丑，寅，$\cdots$，

亥の12個の和，$\sum$ 子丑寅 は子，丑，寅，…，亥の12個から3個取った積の総和，$\sum$ 子丑寅卯辰 は子，丑，寅，…，亥の12個から5個取った積の総和，… などを表す．1辺が1の正多角形で考えると，丁が平中径になり，子 $=$ 丑 $=$ 寅 $= \cdots = \frac{1}{2}$ だから平中径を求める方程式は次のようになる．

角数	平中径の方程式
3	$12\,丁^2 - 1 = 0$
4	$4\,丁^2 - 1 = 0$
5	$80\,丁^4 - 40\,丁^2 + 1 = 0$
6	$48\,丁^4 - 40\,丁^2 + 3 = 0$
7	$448\,丁^6 - 560\,丁^4 + 84\,丁^2 - 1 = 0$
8	$64\,丁^6 - 112\,丁^4 + 28\,丁^2 - 1 = 0$
9	$2304\,丁^8 - 5376\,丁^6 + 2016\,丁^4 - 144\,丁^2 + 1 = 0$
10	$1280\,丁^8 - 3840\,丁^6 + 2016\,丁^4 - 240\,丁^2 + 5 = 0$
11	$11264\,丁^{10} - 42240\,丁^8 + 29568\,丁^6 - 5280\,丁^4 + 220\,丁^2 - 1 = 0$
12	$3072\,丁^{10} - 14080\,丁^8 + 12672\,丁^6 - 3168\,丁^4 + 220\,丁^2 - 3 = 0$

ここで角中径を角とすると $丁^2 = 角^2 - \frac{1}{4}$ となり，これを代入して角中径の方程式が求まる．

5 図6で各円径を得る通術を求めよ．

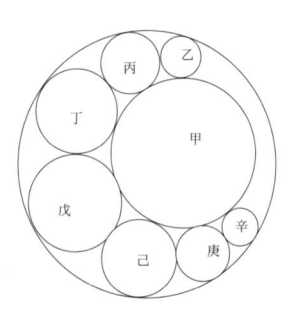

図 6

下図において $\triangle ABC$ に鈎股弦の術より

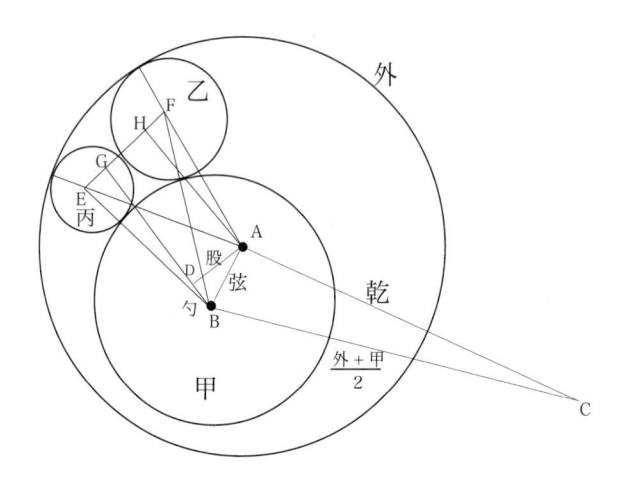

$$弦^2 = \left(\frac{甲+外}{2}\right)^2 - 乾^2 \tag{8}$$

図 7

4 括要算法から

勾 $= BD = BG - DG$

$$BG = \frac{2\triangle BEF}{EF}$$

ところで,

$$\triangle BFE = \frac{1}{4}\sqrt{(甲 + 乙 + 丙)\,\overline{甲乙丙}}\cdots (\text{H3})$$

$$DG = AH = \frac{2\triangle AEF}{EF}$$

同じく

$$\triangle AFE = \frac{1}{4}\sqrt{(外 - 乙 - 丙)\,\overline{外乙丙}}\cdots (\text{H4})$$

よって

$$勾 = \frac{\sqrt{(甲 + 乙 + 丙)\,\overline{甲乙丙}} - \sqrt{(外 - 乙 - 丙)\,\overline{外乙丙}}}{乙 + 丙} \qquad (9)$$

$$股 = AD = GH = EF - EG - FH$$

$\triangle BEF$ に双股弦の術 (余弦定理) を使うと

$$\begin{aligned}
EG &= \frac{BE^2 + EF^2 - BF^2}{2EF} \\
&= \frac{\left(\dfrac{甲 + 丙}{2}\right)^2 + \left(\dfrac{乙 + 丙}{2}\right)^2 - \left(\dfrac{甲 + 乙}{2}\right)^2}{乙 + 丙} \\
&= \frac{甲\,(丙 - 乙)}{2(乙 + 丙)}
\end{aligned}$$

$\triangle AEF$ に双股弦の術 (余弦定理) を使うと

$$FH = \frac{AF^2 + EF^2 - AE^2}{2EF}$$

$$= \frac{\left(\dfrac{\text{外}-\text{乙}}{2}\right)^2 + \left(\dfrac{\text{乙}+\text{丙}}{2}\right)^2 - \left(\dfrac{\text{外}-\text{丙}}{2}\right)^2}{\text{乙}+\text{丙}}$$

$$= \frac{\text{外}(\text{丙}-\text{乙})}{2(\text{乙}+\text{丙})}$$

よって

$$\begin{aligned}
\text{股} &= \frac{\text{乙}+\text{丙}}{2} - EG - FH \\
&= \frac{\text{乙}+\text{丙}}{2} - \frac{\text{甲}(\text{丙}-\text{乙})}{2(\text{乙}+\text{丙})} - \frac{\text{外}(\text{丙}-\text{乙})}{2(\text{乙}+\text{丙})} \\
&= \frac{(\text{外}+\text{甲})(\text{乙}-\text{丙})}{2(\text{乙}-\text{丙})}
\end{aligned} \tag{10}$$

(8)(9)(10) を 勾^2 + 股^2 = 弦^2 へ代入して

$$(\text{乙}+\text{丙})^2 \text{乾}^2 - (\text{乙}+\text{丙})(\text{外}-\text{甲})\text{乙丙} - 2\,\text{外甲乙丙}$$
$$= \text{乙丙}\sqrt{(\text{外}-\text{乙}-\text{丙})(\text{甲}+\text{乙}+\text{丙})\,\text{外甲}}$$

自乗して $(\text{乙}+\text{丙})^2$ で約して

$$\{\text{乾}^4 - 2(\text{外}-\text{甲})\text{丙乾}^2 + (\text{外}+\text{甲})^2 \text{丙}^2\}\text{乙}^2 +$$
$$\{2\,\text{丙乾}^4 - 2(\text{外}-\text{甲})\text{丙}^2\text{乾}^2 - 4\,\text{外甲丙乾}^2\}\text{乙} + \text{丙}^2\text{乾}^4 = 0$$

これは乙, 丁二円径を得る交商式である. よって丁を得る式は (付録 C 参照)

$$\text{丙乾}^2(\text{乙}+\text{丁}) + (2\,\text{乾}^2 - 2(\text{外}-\text{甲})\text{丙} - 4\,\text{外甲})\text{乙丁} = 0 \tag{11}$$

$\boxed{6}$ 図 8 で乙, 丙, 丁, 戊が与えられたとき, 己を求める通術を作れ.

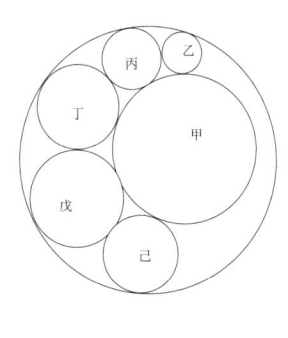

図8

(11) より丁を求める式は

$$丙乾^2(乙+丁)+(2乾^2-2(外-甲)丙-4外甲)乙丁 = 0 \quad (12)$$

戊を求める式は

$$丁乾^2(丙+戊)+(2乾^2-2(外-甲)丁-4外甲)丙戊 = 0 \quad (13)$$

己を求める式は

$$戊乾^2(丁+己)+(2乾^2-2(外-甲)戊-4外甲)丁己 = 0 \quad (14)$$

$(12) \times 丙戊 - (13) \times 乙丁$ より

$$\{(乙+丁)丙^2戊-(丙+戊)丁^2乙\}乾^2$$
$$+2(外-甲)(丁-丙)乙丙丁戊 = 0 \quad (15)$$

$(12) \times 己 - (14) \times 乙$ より

$$\{(乙+丁)丙己-(丁+己)戊乙\}乾^2$$
$$+2(外-甲)(戊-丙)乙丁己 = 0 \quad (16)$$

$(15)\times(丙-戊)己-(16)\times(丁-丙)丙戊$ より 乾を約して

$$(丁-戊)(乙-戊)丙^2己-(丙-丁)(丙-己)戊^2乙 = 0 \quad (17)$$

7 図9で戊円径を求めよ.

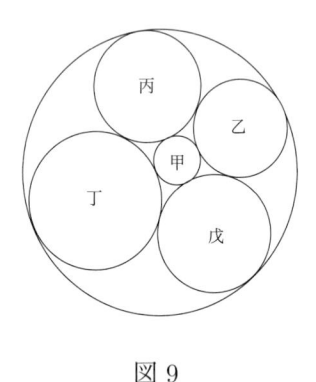

図 9

(17)において己を乙に換えて

$$(丁 - 戊)(乙 - 戊)\,丙^2 乙 - (丙 - 丁)(丙 - 乙)\,戊^2 乙 = 0$$

$$(丙 + 戊)\,乙丁 - (乙 + 丁)\,丙戊 = 0 \qquad (18)$$

8 図10で丙, 丁, 己が与えられたとき, 戊円径を求めよ.

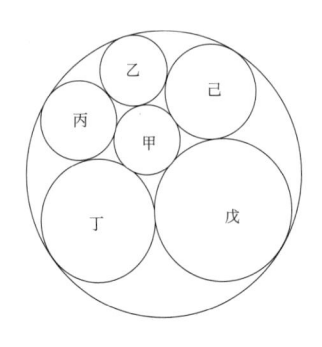

図 10

4　括要算法から　　　　　　　　　　　　　　　　　　　　123

(17) より

$(丁-戊)(乙-戊)丙^2己 - (丙-丁)(丙-己)戊^2乙 = 0 \quad (19)$

同じく

$(戊-己)(丙-己)丁^2庚 - (丁-戊)(丁-庚)己^2丙 = 0$

庚を乙に換えて

$(戊-己)(丙-己)丁^2乙 - (丁-戊)(丁-乙)己^2丙 = 0 \quad (20)$

(19)(20) から乙を消去すると

$(丁-戊)^2丙^2己^2 + (丙-己)(丁-戊)丙丁戊己 = (丙-己)^2丁^2戊^2$

これを
$(丁-戊)^2丙^2己^2 + (丙-己)(丁-戊)丙丁戊己$
$$+\frac{1}{4}(丙-己)丁^2戊^2 = \frac{5}{4}(丙-己)^2丁^2戊^2$$

と変形して

$(丁-戊)丙己 + \frac{1}{2}(丙-己)丁戊 = \frac{\sqrt{5}}{2}(丙-己)丁戊$

ここで $天 = \dfrac{\sqrt{5}-1}{2}$ とおいて

$(丁-戊)丙己 - 天(丙-己)丁戊 = 0 \quad\quad (21)$

9 図11で丁, 己, 庚が与えられたとき, 戊円径を求めよ.

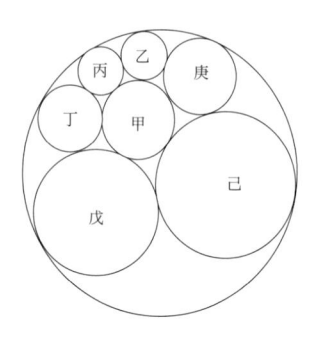

図 11

(17) より

$(丁 - 戊)(乙 - 戊)丙^2己 - (丙 - 丁)(丙 - 己)戊^2乙 = 0$ (22)

$(戊 - 己)(丙 - 己)丁^2庚 - (丁 - 戊)(丁 - 庚)己^2丙 = 0$ (23)

$(己 - 庚)(丁 - 庚)戊^2乙 - (戊 - 己)(戊 - 乙)庚^2丁 = 0$ (24)

(22)(23)(24) より乙,丙を消去して

$$2(戊 - 己)丁庚 - (丁 - 庚)戊己 = 0 \qquad (25)$$

10　図12で丁, 戊, 庚が与えられたとき, 己円径を求めよ.

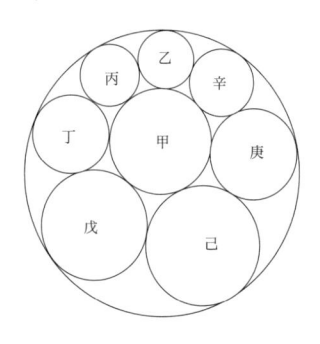

図 12

(17) より

$$(丁 - 戊)(乙 - 戊)丙^2己 - (丙 - 丁)(丙 - 己)戊^2乙 = 0 \quad (26)$$

$$(戊 - 己)(丙 - 己)丁^2庚 - (丁 - 戊)(丁 - 庚)己^2丙 = 0 \quad (27)$$

$$(己 - 庚)(丁 - 庚)戊^2辛 - (戊 - 己)(戊 - 辛)庚^2丁 = 0 \quad (28)$$

$$(庚 - 辛)(戊 - 辛)己^2乙 - (己 - 庚)(乙 - 己)辛^2戊 = 0 \quad (29)$$

(26)(27)(28)(29) より乙, 丙, 庚, 辛を消去し,
子 $= (丁 - 庚)$ 戊己, 丑 $= (戊 - 己)$ 丁庚 とおくと

$$-子^3 + 2\,子^2丑 + 子丑^2 - 丑^3 = 0 \quad (30)$$

が得られる．

<u>11</u> 図13で丁, 戊, 己が与えられたとき, 庚円径を求めよ.

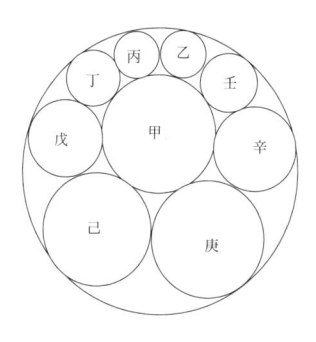

図 13

(17) より

$$(丁 - 戊)(乙 - 戊)丙^2己 - (丙 - 丁)(丙 - 己)戊^2乙 = 0 \quad (31)$$

$$(戊 - 己)(丙 - 己)丁^2庚 - (丁 - 戊)(丁 - 庚)己^2丙 = 0 \quad (32)$$

$(己 - 庚)(丁 - 庚)\,戊^2辛 - (戊 - 己)(戊 - 辛)\,庚^2丁 = 0$ (33)

$(庚 - 辛)(戊 - 辛)\,己^2壬 - (己 - 庚)(己 - 壬)\,辛^2戊 = 0$ (34)

$(辛 - 壬)(己 - 壬)\,庚^2乙 - (庚 - 辛)(庚 - 乙)\,壬^2己 = 0$ (35)

(31)(32)(33)(34)(35) より乙，丙，辛，壬を消去し，
$子 = (丁 - 庚)\,戊己,\ 丑 = (戊 - 己)\,丁庚$ とおくと

$$子^2 - 2\,子丑 - 丑^2 = 0 \quad (36)$$

が得られる．

12 図14で戊, 己, 庚が与えられたとき，辛円径を求めよ．

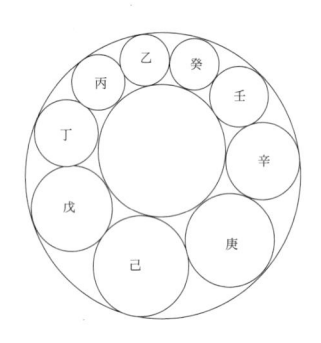

図 14

(17) より

$(丁 - 戊)(乙 - 戊)\,丙^2己 - (丙 - 丁)(丙 - 己)\,戊^2乙 = 0$ (37)

$(戊 - 己)(丙 - 己)\,丁^2庚 - (丁 - 戊)(丁 - 庚)\,己^2丙 = 0$ (38)

$(己 - 庚)(丁 - 庚)\,戊^2辛 - (戊 - 己)(戊 - 辛)\,庚^2丁 = 0$ (39)

$(庚 - 辛)(戊 - 辛)\,己^2壬 - (己 - 庚)(己 - 壬)\,辛^2戊 = 0$ (40)

$(辛 - 壬)(己 - 壬) 庚^2 癸 - (庚 - 辛)(庚 - 癸) 壬^2 己 = 0 \quad (41)$

$(壬 - 癸)(庚 - 癸) 辛^2 乙 - (辛 - 壬)(辛 - 乙) 癸^2 庚 = 0 \quad (42)$

(37)(38)(39)(40)(41)(42) より 乙, 丙, 丁, 癸, 壬 を消去し, 天 = (己 − 庚) 戊辛, 地 = (戊 − 辛) 己庚 とおくと

$$3\,天^3 - 3\,天地^2 + 地^3 = 0 \quad (43)$$

が得られる.

<u>13</u> 図15で戊, 己, 庚が与えられたとき, 辛円径を求めよ.

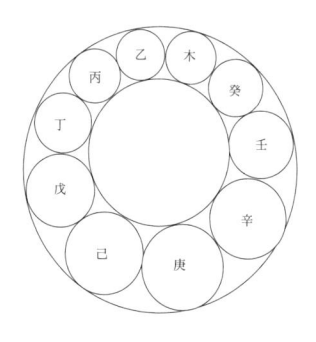

図 15

(17) より

$(丁 - 戊)(乙 - 戊) 丙^2 己 - (丙 - 丁)(丙 - 己) 戊^2 乙 = 0 \quad (44)$

$(戊 - 己)(丙 - 己) 丁^2 庚 - (丁 - 戊)(丁 - 庚) 己^2 丙 = 0 \quad (45)$

$(己 - 庚)(丁 - 庚) 戊^2 辛 - (戊 - 己)(戊 - 辛) 庚^2 丁 = 0 \quad (46)$

$(庚 - 辛)(戊 - 辛) 己^2 壬 - (己 - 庚)(己 - 壬) 辛^2 戊 = 0 \quad (47)$

$(辛 - 壬)(己 - 壬) 庚^2 癸 - (庚 - 辛)(庚 - 癸) 壬^2 己 = 0 \quad (48)$

$(壬 - 癸)(庚 - 癸) 辛^2 木 - (辛 - 壬)(辛 - 木) 癸^2 庚 = 0$ (49)

$(癸 - 木)(辛 - 木) 壬^2 乙 - (壬 - 癸)(壬 - 乙) 木^2 辛 = 0$ (50)

(44)(45)(46)(47)(48)(49)(50) より乙，丙，丁，癸，木を消去し，天 = (戊 - 辛) 己庚，地 = (己 - 庚) 戊辛 とおくと

$$天^2 - 3\,天地 + 地^2 = 0 \tag{51}$$

が得られる．

以上を一覧表にまとめると次のようになる．大円と中円の間に n 個の円，甲，乙，丙，丁 … を入れ，天 = (乙 - 丙) 甲丁，地 = (甲 - 丁) 乙丙 とおく．

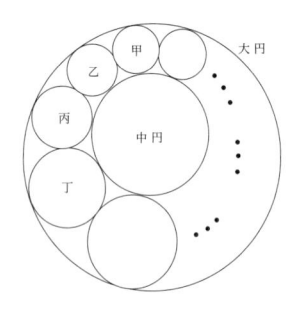

$n = 4$	$天 - 地 = 0$
$n = 6$	$2\,天 - 地 = 0$
$n = 8$	$天^2 + 2\,天地 - 地^2 = 0$
$n = 10$	$天^2 - 3\,天地 + 地^2 = 0$
$n = 5$	$天^2 + 天地 - 地^2 = 0$
$n = 7$	$天^3 - 天^2 地 - 2\,天地^2 + 地^3 = 0$
$n = 9$	$3\,天^3 - 3\,天地^2 + 地^3 = 0$

ここで 人 = 天 + 地 とおいて，天と人で書き直し，n の数をさらに増やしていくと以下のようになる．

$n=4$	$2\,天 - 人 = 0$
$n=6$	$3\,天 - 人 = 0$
$n=8$	$2\,天^2 - 4\,天人 + 人^2 = 0$
$n=10$	$5\,天^2 - 5\,天人 + 人^2 = 0$
$n=12$	$2\,天^3 - 9\,天^2人 + 6\,天人^2 - 人^3 = 0$
$n=14$	$7\,天^3 - 14\,天^2人 + 7\,天人^2 - 人^3 = 0$
$n=16$	$2\,天^4 - 16\,天^3人 + 20\,天^2人^2 - 8\,天人^3 + 人^4 = 0$
$n=18$	$9\,天^4 - 30\,天^3人 + 27\,天^2人^2 - 9\,天人^3 + 人^4 = 0$
$n=20$	$2\,天^5 - 25\,天^4人 + 50\,天^3人^2 - 35\,天^2人^3 + 10\,天人^4 - 人^5 = 0$
$n=22$	$11\,天^5 - 55\,天^4人 + 77\,天^3人^2 - 44\,天^2人^3 + 11\,天人^4 - 人^5 = 0$
$n=5$	$天^2 - 3\,天人 + 人^2 = 0$
$n=7$	$天^3 - 6\,天^2人 + 5\,天人^2 - 人^3 = 0$
$n=9$	$天^4 - 10\,天^3人 + 15\,天^2人^2 - 7\,天人^3 + 人^4 = 0$
$n=11$	$天^5 - 15\,天^4人 + 35\,天^3人^2 - 27\,天^2人^3 + 9\,天人^4 - 人^5 = 0$
$n=13$	$天^6 - 21\,天^5人 + 70\,天^4人^2 - 84\,天^3人^3 + 45\,天^2人^4 - 11\,天人^5 + 人^6 = 0$
$n=15$	$天^7 - 28\,天^6人 + 126\,天^5人^2 - 210\,天^4人^3 + 165\,天^3人^4 - 66\,天^2人^5 + 13\,天人^6 - 人^7 = 0$
$n=17$	$天^8 - 36\,天^7人 + 210\,天^6人^2 - 462\,天^5人^3 + 495\,天^4人^4 - 286\,天^3人^5 + 91\,天^2人^6 - 15\,天人^7 + 人^8 = 0$

ところでこれらの係数の並び方は，n が偶数の場合，角中径

α を求める方程式の係数と一致している.

$n = 4$	$2\alpha^2 - 1 = 0$	4 角形
$n = 6$	$3\alpha^2 - 1 = 0$	3 角形
$n = 8$	$2\alpha^4 - 4\alpha^2 + 1 = 0$	8 角形
$n = 10$	$5\alpha^4 - 5\alpha^2 + 1 = 0$	5 角形
$n = 12$	$2\alpha^6 - 9\alpha^4 + 6\alpha^2 - 1 = 0$	12 角形
$n = 14$	$7\alpha^6 - 14\alpha^4 + 7\alpha^2 - 1 = 0$	7 角形
$n = 16$	$2\alpha^8 - 16\alpha^6 + 20\alpha^4 - 8\alpha^2 + 1 = 0$	16 角形
$n = 18$	$9\alpha^8 - 30\alpha^6 + 27\alpha^4 - 9\alpha^2 + 1 = 0$	9 角形
$n = 20$	$2\alpha^{10} - 25\alpha^8 + 50\alpha^6 - 35\alpha^4 + 10\alpha^2 - 1 = 0$	20 角形
$n = 22$	$11\alpha^{10} - 55\alpha^8 + 77\alpha^6 - 44\alpha^4 + 11\alpha^2 - 1 = 0$	11 角形
$n = 24$	$2\alpha^{12} - 36\alpha^{10} + 15\alpha^8 - 112\alpha 6 + 54\alpha^4 - 12\alpha^2 + 1 = 0$	24 角形
$n = 26$	$13\alpha^{12} - 91\alpha^{10} + 182\alpha^8 - 156\alpha 6 + 65\alpha^4 - 13\alpha^2 + 1 = 0$	13 角形

n が偶数の場合 $\dfrac{\text{天}}{\text{人}} = \alpha^2$ となるので, これを 人 = 天 + 地 に代入すると $-\text{地} + \left(\dfrac{1}{\alpha^2} - 1\right)\text{天} = 0$ となり, ここで 坤 = $\dfrac{1}{\alpha^2} - 1$ とおくと, 天 = (乙 − 丙) 甲丁, 地 = (甲 − 丁) 乙丙

だから $-(甲 - 丁)乙丙 + 坤(乙 - 丙)甲丁 = 0$ となる.

n が奇数の場合

$n = 5$	$\alpha^2 - \alpha - 1 = 0$	10 角形
$n = 7$	$\alpha^3 - 2\alpha^2 - \alpha + 1 = 0$	14 角形
$n = 9$	$\alpha^4 + 2\alpha^3 - 3\alpha^2 - \alpha + 1 = 0$	18 角形
$n = 11$	$-\alpha^5 + 3\alpha^4 + 3\alpha^3 - 4\alpha^2 - \alpha + 1 = 0$	22 角形
$n = 13$	$-\alpha^6 - 3\alpha^5 + 6\alpha^4 + 4\alpha^3 - 5\alpha^2 - \alpha + 1 = 0$	26 角形
$n = 15$	$\alpha^7 - 4\alpha^6 - 6\alpha^5 + 10\alpha^4 + 5\alpha^3 - 6\alpha^2 - \alpha + 1 = 0$	30 角形
$n = 17$	$\alpha^8 + 4\alpha^7 - 10\alpha^6 - 10\alpha^5 + 15\alpha^4 + 6\alpha^3 - 7\alpha^2 - \alpha + 1 = 0$	34 角形
$n = 5$	$天 - \sqrt{人天} - 人 = 0$	10 角形
$n = 7$	$天\sqrt{人天} - 2\sqrt{人天}人 + 人\sqrt{人} + 人\sqrt{人} = 0$	14 角形
$n = 9$	$天^2 + 2\sqrt{人天}天 - 3人\sqrt{天} - 人\sqrt{人天} - 人^2 = 0$	18 角形
$n = 11$	$-天^2\sqrt{人天} + 3\sqrt{人}天^2 + 3人\sqrt{天天} - 4人\sqrt{人天} - 人^2\sqrt{人} = 0$	22 角形
$n = 13$	$-天^3 - 3\sqrt{人天}天^2 + 6人天^2 + 4人\sqrt{人天天} - 5人^2天 + 人\sqrt{人} + 人^3 = 0$	26 角形
$n = 15$	$天^3\sqrt{人天} - 4\sqrt{人}天^3 - 6人\sqrt{天天}天^2 + 10人\sqrt{人天}天^2 + 5人^2\sqrt{天天}天 - 6人^2\sqrt{人天} - 人^3\sqrt{天} + 人^3\sqrt{人} = 0$	30 角形
$n = 17$	$天^4 + 4\sqrt{人天}天^3 - 10人天^3 - 10人\sqrt{人天}天^2 + 15人^2天^2 + 6人^2\sqrt{人天}天 - 7人^3天 - 人^3\sqrt{人天} + 人^4 = 0$	34 角形

$\sqrt{\dfrac{天}{人}} = \alpha$ となるので,$人 = \dfrac{天}{\alpha^2}$ となり,これを $人 = 天 + 地$ に代入して,以下偶数の場合と同様にして,$坤 = \dfrac{1}{\alpha^2} - 1$ とおくと $-(甲 - 丁)乙丙 + 坤(乙 - 丙)甲丁 = 0$ となる.よっ

て n の偶奇に拘らず，次の定理が成り立つ．これを会田の定理とよぼう．

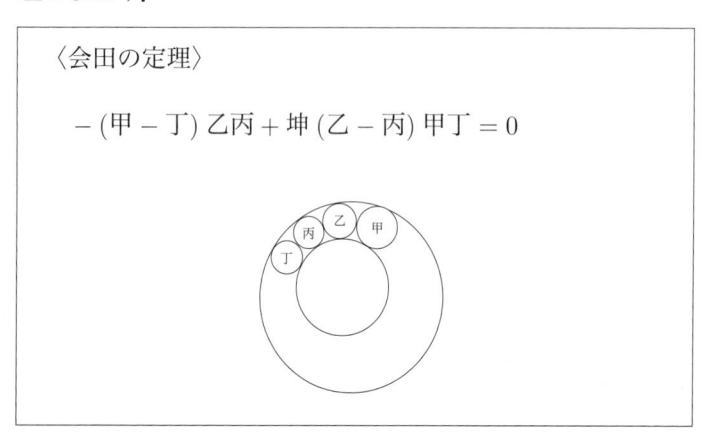

〈会田の定理〉

$$-(甲-丁)乙丙+坤(乙-丙)甲丁=0$$

会田の定理の応用

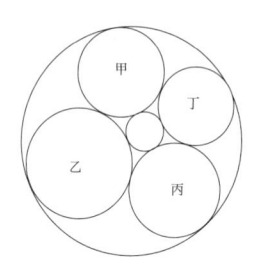

14 図16において $\dfrac{1}{甲}+\dfrac{1}{丙}=\dfrac{1}{乙}+\dfrac{1}{丁}$ が成り立つ．

図16

(18) より

$$(乙-丙)甲丁-(甲-丁)乙丙=0$$

4 括要算法から

甲乙丙丁で割って

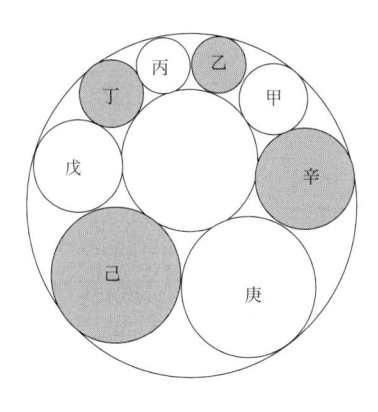

$$\frac{1}{甲} + \frac{1}{丙} = \frac{1}{乙} + \frac{1}{丁}$$

15 図 17 で $\dfrac{1}{甲} + \dfrac{1}{戊} = \dfrac{1}{丙} + \dfrac{1}{庚}$ が成り立つ.

図 17

$n = 8$ の場合で〈会田の定理〉を使って

$$-(甲 - 丁)\,乙丙 + 坤\,(乙 - 丙)\,甲丁 = 0 \qquad (52)$$

$$-(乙 - 戊)\,丙丁 + 坤\,(丙 - 丁)\,乙戊 = 0 \qquad (53)$$

$$-(丙 - 己)\,丁戊 + 坤\,(丁 - 戊)\,丙己 = 0 \qquad (54)$$

$$-(丁 - 庚)\,戊己 + 坤\,(戊 - 己)\,丁庚 = 0 \qquad (55)$$

(52) と (53) より乙を消去して

$$丁丙戊 - 丁丙坤甲 - 丙戊甲 + 丁坤戊甲$$
$$-丁坤^2 戊甲 + 丙坤^2 戊甲 = 0 \qquad (56)$$

(54) と (55) より己を消去して

$$-丁丙坤庚 + 丁丙坤^2庚 - 丁丙戊 + 丙庚戊$$
$$+ 丁坤庚戊 - 丙坤^2庚戊 = 0 \qquad (57)$$

(56) と (57) より丁を消去して

$$丙庚戊 - 2丙坤庚甲 + 丙坤^2庚甲 - 丙戊甲$$
$$+ 2坤庚戊甲 - 坤^2庚戊甲 = 0 \qquad (58)$$

ここで $坤 = \dfrac{1}{\alpha^2} - 1$ で α は正八角形の角中径だから

$$2\alpha^4 - 4\alpha^2 + 1 = 0$$

よって

$$坤^2 - 2\,坤 - 1 = 0$$

これを (58) に代入すると

$$丙庚戊 + 丙庚甲 - 丙戊甲 - 庚戊甲 = 0$$

甲丙戊庚で割って

$$\frac{1}{甲} + \frac{1}{戊} = \frac{1}{丙} + \frac{1}{庚}$$

16 図 18 で $\dfrac{1}{甲} + \dfrac{1}{庚} = \dfrac{1}{丁} + \dfrac{1}{癸}$ が成り立つ.

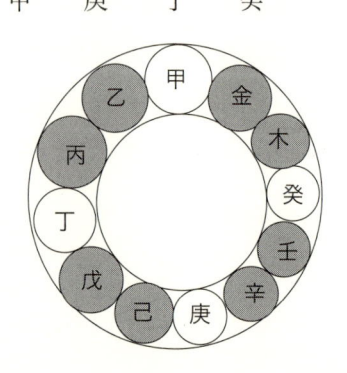

図 18

4 括要算法から

$K[k_1,\ k_2,\ k_3,\ k_4] = -(k_1 - k_4)k_2 k_3 + 坤\,(k_2 - k_3)k_1 k_4$
に対して,

$$m_1 = K[甲,\ 乙,\ 丙,\ 丁]$$
$$m_2 = K[乙,\ 丙,\ 丁,\ 戊]$$
$$m_3 = K[丙,\ 丁,\ 戊,\ 己]$$
$$m_4 = K[丁,\ 戊,\ 己,\ 庚]$$
$$m_5 = K[戊,\ 己,\ 庚,\ 辛]$$
$$m_6 = K[己,\ 庚,\ 辛,\ 壬]$$
$$m_7 = K[庚,\ 辛,\ 壬,\ 癸]$$
$$m_8 = K[辛,\ 壬,\ 癸,\ 木]$$
$$m_9 = K[壬,\ 癸,\ 木,\ 金]$$
$$m_{10} = K[癸,\ 木,\ 金,\ 甲]$$

とおく. $m_1 = 0$ と $m_2 = 0$ より乙を消去して

$$\begin{aligned} m_{11} &= 丁丙戊 - 丁丙坤甲 - 丙戊甲 + 丁坤戊甲 \\ &\quad - 丁坤^2 戊甲 + 丙坤^2 戊甲 = 0 \end{aligned}$$

$m_3 = 0$ と $m_4 = 0$ より己を消去して

$$\begin{aligned} m_{12} &= -丁丙坤庚 + 丁丙坤^2 庚 - 丁丙戊 + 丙庚戊 \\ &\quad + 丁坤庚戊 - 丙坤^2 庚戊 = 0 \end{aligned}$$

m_{11} と m_{12} より丙を消去して

$$\begin{aligned} m_{13} &= 丁庚戊 - 2\,丁坤^2 庚甲 + 丁坤^3 庚甲 \\ &\quad + 丁戊甲 - 丁坤戊甲 - 2\,庚戊甲 \\ &\quad + 坤庚戊甲 + 2\,坤^2 庚戊甲 - 坤^3 庚戊甲 = 0 \end{aligned}$$

m_5 と m_6 より己を消去して

$$\begin{aligned} m_{14} &= -壬庚戊 + 坤^2壬庚戊 + 壬庚辛 + 坤壬戊辛 \\ &- 坤^2壬戊辛 - 坤庚戊辛 = 0 \end{aligned}$$

m_{13} と m_{14} より戊を消去して

$$\begin{aligned} m_{15} &= 2丁坤^2壬庚甲 - 丁坤^3壬庚甲 - 2丁坤^4壬庚甲 \\ &+ 丁坤^5壬庚甲 - 丁壬庚辛 - 丁壬甲辛 \\ &+ 丁坤壬甲辛 - 2丁坤^3壬甲辛 + 3丁坤^4壬甲辛 \\ &- 丁坤^5壬甲辛 + 2丁坤^3庚甲辛 - 丁坤^4庚甲辛 \\ &+ 2壬庚甲辛 - 坤壬庚甲辛 - 2坤^2壬庚甲辛 \\ &+ 坤^3壬庚甲辛 = 0 \end{aligned}$$

m_{15} と m_7 より辛を消去して

$$\begin{aligned} m_{16} &= 2丁坤壬庚甲 - 丁坤^2壬庚甲 - 2丁坤^3壬庚甲 \\ &+ 丁坤^4壬庚甲 + 丁壬庚癸 + 丁壬甲癸 \\ &- 3丁坤壬甲癸 + 丁坤^2壬甲癸 + 4丁坤^3壬甲癸 \\ &- 4丁坤^4壬甲癸 + 丁坤^5壬甲癸 - 2丁坤^2庚甲癸 \\ &- 丁坤^3庚甲癸 + 3丁坤^4庚甲癸 - 丁坤^5庚甲癸 \\ &- 2壬庚甲癸 + 坤壬庚甲癸 + 2坤^2壬庚甲癸 \\ &- 坤^3壬庚甲癸 = 0 \end{aligned}$$

m_9 と m_{10} より金を消去して

$$\begin{aligned} m_{17} &= -壬木甲 + 坤^2壬木甲 + 壬木癸 \\ &+ 坤壬甲癸 - 坤^2壬甲癸 - 坤木甲癸 = 0 \end{aligned}$$

m_{17} と m_8 より木を消去して

$$m_{18} = -坤壬甲癸 + 坤^2壬甲癸 + 壬甲辛$$

4 括要算法から

$$- 2坤^2壬甲辛 + 坤^3壬甲辛 - 壬癸辛$$
$$+ 坤甲癸辛 + 坤^2甲癸辛 - 坤^3甲癸辛 = 0$$

m_{18} と m_7 より辛を消去して

$$\begin{aligned}m_{19} =\ & 2壬庚甲 - 坤壬庚甲 - 2坤^2壬庚甲 \\ & + 坤^3壬庚甲 - 壬庚癸 - 壬甲癸 \\ & + 坤壬甲癸 + 2坤^2庚甲癸 - 坤^3庚甲癸 = 0\end{aligned}$$

m_{19} と m_{16} より壬を消去して

$$2丁庚甲 + 5丁坤庚甲 - 丁坤^2庚甲 - 3丁坤^3庚甲$$
$$+丁坤^4庚甲 - 丁坤庚癸 - 3丁坤甲癸 + 3丁坤^3甲癸$$
$$-丁坤^4甲癸 - 2庚甲癸 - 坤庚甲癸 + 坤^2庚甲癸 = 0$$

$$(2 + 5坤 - 坤^2 - 3坤^3 + 坤^4)\,甲庚丁 - 庚丁癸坤$$
$$+ (-3坤 + 3坤^2 - 坤^4)\,甲丁癸$$
$$+ (-2 - 坤 + 坤^2)\,甲庚癸 = 0 \quad (59)$$

ここで $坤^2 - 2坤 - 2 = 0$ に注意して $坤^4 = 16坤 + 12$, $坤^3 = 6坤 + 4$ だから

$$2 + 5坤 - 坤^2 - 3坤^3 + 坤^4 = 坤$$
$$-3坤 + 3坤^2 - 坤^4 = -坤$$
$$-2 - 坤 + 坤^2 = 坤$$

故に (59) は 甲庚丁 − 庚丁癸 − 甲丁癸 + 甲庚癸 = 0 となり, 甲丁庚癸で割って

$$\frac{1}{甲} + \frac{1}{庚} = \frac{1}{丁} + \frac{1}{癸}$$

4.6 和算におけるヘロンの公式

$\boxed{1}$ $\boxed{2}$ $\boxed{5}$ で所謂〈ヘロンの公式〉を使ったので，その解説をしておこう．和算でよく使われる公式に

$$三角形の面積 = \sqrt{甲乙丙(甲+乙+丙)}$$

がある．

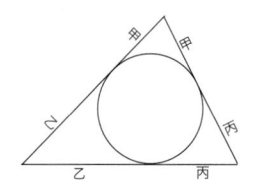

$\boxed{1}$ の (H1)，$\boxed{2}$ の (H2)，$\boxed{5}$ の (H3)(H4) で使ったものである．これは，三角形の面積を S, 3 辺の長さを

$$a = 乙 + 丙, \; b = 甲 + 丙, \; c = 甲 + 乙$$

とし，$s = \dfrac{a+b+c}{2}$ とおくと，$s = 甲+乙+丙$, $s-a = 甲$, $s-b = 乙$, $s-c = 丙$ となるので，

$$S = \sqrt{s(s-a)(s-b)(s-c)}$$

というヘロンの公式に一致する．『三較連乗』(作者不詳) には次のように説明されている．

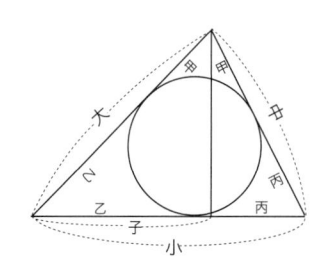

大 = 甲 + 乙, 中 = 甲 + 丙, 小 = 乙 + 丙 だから

$$大^2 = 甲^2 + 2\,甲乙 + 乙^2$$

$$中^2 = 甲^2 + 2\,甲丙 + 丙^2$$

$$小^2 = 乙^2 + 2\,乙丙 + 丙^2$$

これらを 大^2 + 小^2 − 中^2 = 2 小子 に代入して

$$小子 = 乙^2 + 甲乙 + 乙丙 - 甲丙$$

これを $4S^2 = 小^2(大^2 - 子^2)$ に代入すれば

$$S^2 = 甲乙丙\,(甲 + 乙 + 丙)$$

が得られる.

5 十字環問題

十字環問題は榎並和澄が『参両録』(1653) の遺題として与えたものが最初とされているが，非常に難問のため多くの和算家を悩ました．しかし，それ故に和算発展の原動力にもなった問題である．本章では，現代でも難問の十字環問題を関孝和をはじめとする和算家達がどのように解いたのかを紹介しよう．

5.1 参両録

榎並和澄『参両録』下巻遺題第 15 問に「方円卵」として次の様な問題が出題された．

> 輪の外周三尺六寸．同ふとさ四寸八分，周中の太さ同．輪環のはしなきがごとし．
> 問云，此図に寸坪何ほど有ぞ．

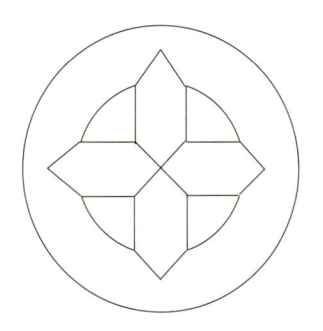

円環体 (torus) に円柱が十字に交わったものを組み合わせた立体で，円柱の直径と torus の断面の直径が等しくなっている．この立体の体積を求めよ，というのが十字環問題である．

5.2 遺題継承

和算では算法書の最後に読者向けに答をつけない問題（遺題）を載せ，それらを解いた人が解答を出版し，その最後にまた遺題を載せた．その遺題を解いた人がまたまた遺題を載せるという風潮が流行した．このように遺題をリレー式に解いていくことを遺題継承という．十字環問題は『参両録』の遺題 8 問のうちの一つで，この遺題を解いたのは，山田正重『改算記』(1659) と前田憲舒『算法至源記』(1673) であり，『参両録』自信も吉田光由『塵劫記』の遺題を解いている．遺題継承は寛永 18 年 (1641) 版の『塵劫記』に載った 12 問がそもそもの発端である．吉田光由は遺題提出の理由を次のように述べている．

> 世に算勘の達者数人有といへ共，此道に不入して其勘者の位をよのつねの人見分がたし．只はやければ上手といふ．是非が事也．故に，其勘者の位を大かた諸人の見わけんがために，今此巻に法を除て出之処，十二ヶ所有．勘者は此算の法を註して世に伝べし．然共註するに軽重有や．或は本算にあらずして，其身の心にあふといふとも，類をもって是をわれば相違可有．又勘の器用たりといふ共，師にあわざる勘者はふかき事を不知．我此外に製する所の算書十五巻有．まして算芸に名ある人は六芸の一つに備て不庸と云事なし．

『塵劫記』の遺題を解いた書物は次のようなものである．

書名	出版年	遺題数
参両録	承応 2 年 (1653)	8
円方四巻記	明暦 3 年 (1657)	5
改算記	万治 2 年 (1659)	11
算法闕疑抄	寛文 1 年 (1661)	100
算法至源記	寛文 13 年 (1673)	150

このうち重要なものは磯村吉徳著の『算法闕疑抄』で，これまでにない多くの遺題 (100 題) を載せ，これが刺激となり遺題継承に拍車がかかった．そして算法闕疑抄の遺題を解いたものに『算法根源記』(1669) があり，さらに 150 問の遺題を残した．次に，沢口一之は『古今算法記』(1671) で『算法根源記』の遺題を全部解き，さらに 15 問を遺した．この遺題 15 問は実に難問で解くには至難のわざであった．この難問 15 題に挑んだのが関孝和である．関は『算法闕疑抄』などの遺題を解き，さらに『発微算法』で『古今算法記』の遺題を全部解いた．塵劫記から発微算法までの遺題継承の流れの概略は次のようである．

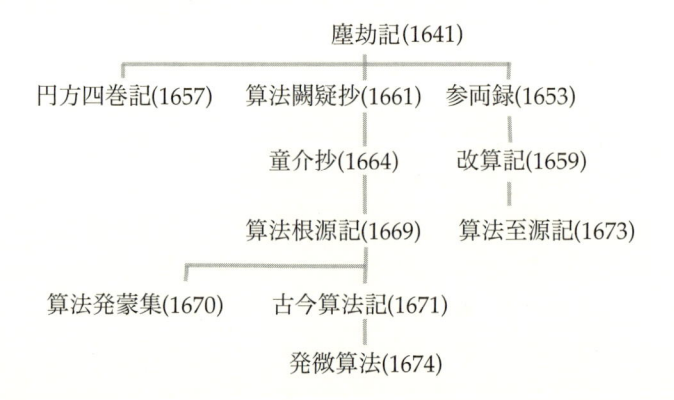

```
                    塵劫記(1641)
        ┌──────────────┼──────────────┐
円方四巻記(1657)  算法闕疑抄(1661)   参両録(1653)
                    │
                 童介抄(1664)      改算記(1659)
                    │
                算法根源記(1669)   算法至源記(1673)
        ┌───────────┤
算法発蒙集(1670)  古今算法記(1671)
                    │
                 発微算法(1674)
```

さて十字環問題であるが，これを本格的に解いたのは関孝和の『求積』(年代不詳) からであり，その後有馬頼徸『拾璣算法』(1766)，安島直円『十字環真術』(1794)，坂部廣胖『算法点竄指南録』(1810)，内田久命『算法求積通考』(1844)『宅間流円理』などにみられる．関と有馬はほとんど同じ解き方であり，安島は関の方法を独自の公式により改良し，円理発展の基礎を築いた．そして内田の『求積通考』で当時の和算界は最高頂に達したといえる．『求積』については [11] に詳しい解読があるので，ここでは安島と内田の方法を紹介する．

5.3 十字環真術から

外径を D (1 尺)，輪径と円柱の直径を d (10 寸) として体積を求める．まず十字環を図のように 4 つの部分，甲，乙，丙，丁に分ける．

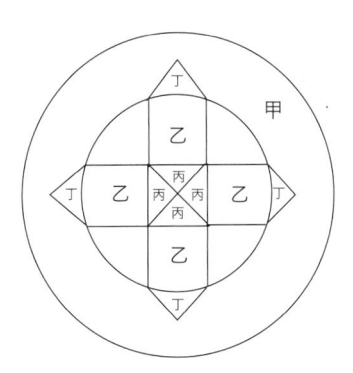

(イ) 甲の体積
torus (甲) の体積が

$$ 甲 = \frac{\pi^2}{4}d^2(D-d) $$

であることは関が証明しており，よく知られていた．

(ロ) 乙の体積

まず下図の軸積の体積を求める．軸積は内周を母線とする円柱を十字円柱の1つで穿去した立体の体積である．

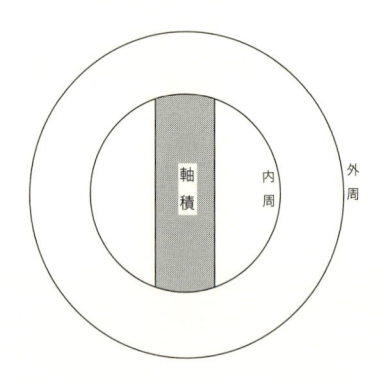

この軸積の求め方が関孝和にはない安島のオリジナルで，『円柱穿空円術』で次のような公式を導いている．

$$\text{軸積} = \frac{\pi}{4}Rd^2 - \frac{1}{3^2-1}(\text{原数})\left(\frac{d}{R}\right)^2$$
$$- \frac{1\cdot 3}{5^2-1}(\text{一差})\left(\frac{d}{R}\right)^2 - \frac{3\cdot 5}{7^2-1}(\text{二差})\left(\frac{d}{R}\right)^2$$
$$- \frac{5\cdot 7}{9^2-1}(\text{三差})\left(\frac{d}{R}\right)^2 - \cdots\cdots \tag{60}$$

(ここで，$R = D - 2d$)

和算では，初項を原数，第2項を一差，第3項を二差，… と呼び，級数を上記のように表示する．これを利用すると

$$4\cdot \text{乙} = 2\left(\text{軸積} - \frac{\pi}{4}d^3\right)$$

と求まる．

(ハ) 円柱穿空円術

5 十字環問題

「円柱穿空円術起源」で安島は (60) の証明を次のように述べている．図のように直径 R の大円柱から，垂直に交わった直径 r の小円柱を穿去した立体の体積を求める．直径 r を $2n$ 等分し，子 $= \dfrac{r}{n}$ とおく．

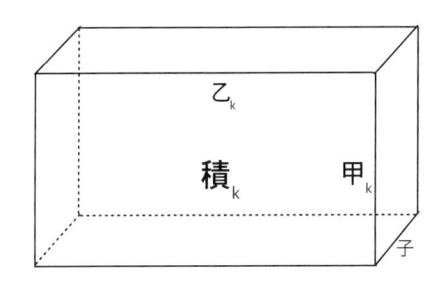

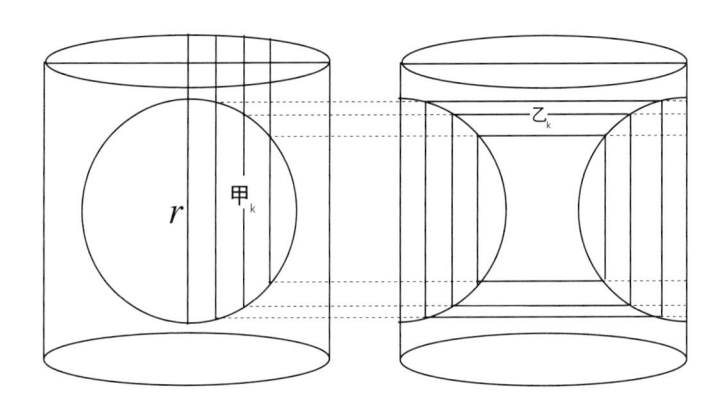

甲$_k = \sqrt{R^2 - (k\,\text{子})^2}$　　乙$_k = \sqrt{r^2 - (k\,\text{子})^2}$
積$_k =$ 甲$_k \times$ 乙$_k \times$ 子, 東 $= R^2 + r^2$　とすると

$$\text{積}_k = \frac{Rr^2}{n}\sqrt{1 - \frac{\text{東}\,(k\,\text{子})^2 - (k\,\text{子})^4}{R^2 r^2}}$$

$$= \frac{Rr^2}{n}\left\{1 - \frac{1}{2}\cdot\frac{\text{東}\,(k\,\text{子})^2 - (k\,\text{子})^4}{R^2 r^2}\right.$$

$$-\frac{1}{8}\cdot\frac{(東(k\,子)^2-(k\,子)^4)^2}{R^4r^4}-\frac{1}{16}\cdot\frac{(東(k\,子)^2-(k\,子)^4)^3}{R^6r^6}$$

$$-\cdots\cdots\bigg\}\quad (付録\,A\,参照)$$

$$=Rr^2\bigg\{\frac{1}{n}-\frac{1}{2}\cdot\frac{東(k\,子)^2-(k\,子)^4}{nR^2r^2}$$

$$-\frac{1}{8}\cdot\frac{東^2(k\,子)^4-2\,東(k\,子)^6+(k\,子)^8}{nR^4r^4}$$

$$-\frac{1}{16}\frac{東^3(k\,子)^6-3\,東^2(k\,子)^8+3\,東(k\,子)^{10}-(k\,子)^{12}}{nR^6r^6}$$

$$-\cdots\cdots\bigg\}\cdots\cdots$$

求める穿去積 V は

$$V=\lim_{n\to\infty}\sum_{k=1}^{n}積_k$$

であるが，一般に $p=1,\,2,\,\cdots\cdots$ に対して

$$\frac{子^p\sum k^p}{n}=\frac{d^p\sum k^p}{n^{p+1}}\to\frac{d^p}{p+1}$$

はいくらでも計算できたので

$$V=Rr^2\bigg[1-\bigg\{\frac{1}{2\cdot 3}\frac{東}{R^2}-\frac{1}{2\cdot 5}\Big(\frac{r}{R}\Big)^2\bigg\}$$

$$-\bigg\{\frac{1}{8\cdot 5}\frac{東^2}{R^4}-\frac{1\cdot 2}{8\cdot 7}\frac{東\,r^2}{R^4}+\frac{1}{8\cdot 9}\Big(\frac{r}{R}\Big)^4\bigg\}$$

$$-\bigg\{\frac{1}{16\cdot 7}\frac{東^3}{R^6}-\frac{1\cdot 3}{16\cdot 9}\frac{東^2r^2}{R^6}+\frac{1\cdot 3}{16\cdot 11}\frac{東\,r^4}{R^6}$$

$$-\frac{1}{16\cdot 13}\Big(\frac{r}{R}\Big)^6\bigg\}+\bigg\{\frac{5}{128\cdot 9}\frac{東^4}{R^8}-\frac{5\cdot 4}{128\cdot 11}\frac{東^3r^2}{R^8}$$

$$-\frac{5\cdot 6}{128\cdot 13}\frac{東^2r^4}{R^8}-\frac{5\cdot 4}{125\cdot 15}\frac{東\,r^6}{R^8}+\frac{5}{128\cdot 17}\Big(\frac{r}{R}\Big)^8\bigg\}$$

$$- \cdots\cdots\ ]$$

となる. さらに

$$\frac{\pi}{4} = 1 - \frac{1}{2\cdot 3} - \frac{1}{2\cdot 4\cdot 5} - \frac{3}{2\cdot 4\cdot 6\cdot 7} - \frac{3\cdot 5}{2\cdot 4\cdot 6\cdot 8\cdot 9}$$
$$\quad + \cdots\cdots$$
$$\frac{\pi}{4} = \frac{4}{3} - \frac{4}{2\cdot 5} - \frac{4}{2\cdot 4\cdot 7} - \frac{4}{2\cdot 3\cdot 4\cdot 6} - \cdots\cdots$$

などを使うと (付録 B 参照)

$$\begin{aligned}
V &= \frac{\pi}{4}Rr^2 - \frac{1}{3^2-1}(\text{原数})\left(\frac{r}{R}\right)^2 \\
&\quad - \frac{1\times 3}{5^2-1}(\text{一差})\left(\frac{r}{R}\right)^2 - \frac{3\times 5}{7^2-1}(\text{二差})\left(\frac{r}{R}\right)^2 \\
&\quad - \frac{5\times 7}{9^2-1}(\text{三差})\left(\frac{r}{R}\right)^2 - \cdots\cdots \quad (61)
\end{aligned}$$

ここで $R = D - 2d$, $r = d$ の場合が (60) である.

(ニ) 丙の体積

半径の等しい 2 本の円柱が垂直に交わって穿去する立体の体積は (61) で $R = r$ の場合であるが,この体積が $\frac{2}{3}r^3$ になることは「九章算術」の時代から知られていた.

$$4\cdot\text{丙} = \left(\frac{\pi}{2} - \frac{2}{3}\right)d^3$$

(ホ) 丁の体積

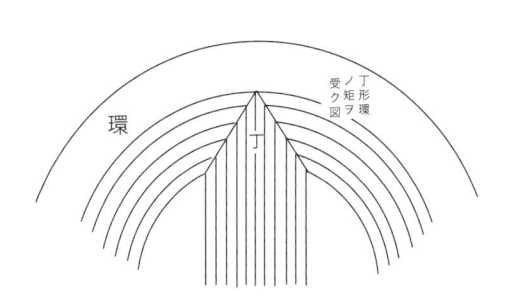

この部分が最も難問である．さすがの安島も正確な計算はできなかったようで，近似計算になっている．

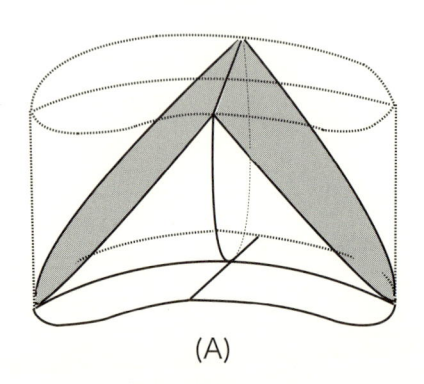

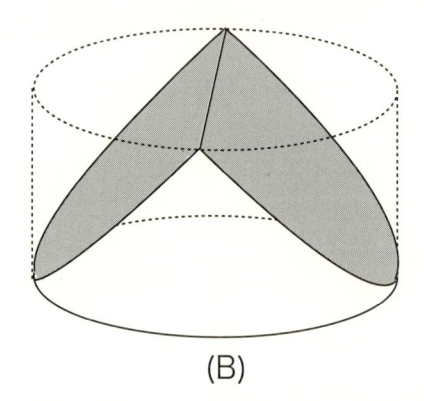

(A)

(B)

丁の形は図 (A) のようになり，底面は穿去された大円柱の側面の一部分で，その面積 S は
$$S = \frac{\pi}{4}d^2 \left\{ 1 + \frac{1}{8}\left(\frac{d}{D-2d}\right)^2 + \frac{9}{24}(\text{一差})\left(\frac{d}{D-2d}\right)^2 \right.$$
$$\left. + \frac{25}{48}(\text{二差})\left(\frac{d}{D-2d}\right)^2 + \cdots \right\}$$

5 十字環問題

となる．しかし安島はこの式の求め方については述べていない．図 (B) は図 (A) の湾曲を伸ばしたものでその体積（安島は夾積と呼ぶ）は，丙から丙の内部にある横の円柱の部分を引いたものであるから，

$$夾積 = 丙 - \frac{d^3}{6} = \left(\frac{\pi}{8} - \frac{1}{3}\right)d^3$$

丁と夾積の底面は S と $\frac{\pi}{4}d^2$ であるとし

$$\frac{丁}{夾積} = \frac{S}{\frac{\pi}{4}d^2}$$

とする．よって

$$\begin{aligned}
4\,丁 &= 4 \cdot 夾積 \times \frac{S}{\frac{\pi}{4}d^2} \\
&= \left(\frac{\pi}{2} - \frac{4}{3}\right)d^3 + \frac{1}{8}(原数)\left(\frac{d}{D-2d}\right)^2 \\
&\quad + \frac{9}{24}(一差)\left(\frac{d}{D-2d}\right)^2 + \frac{25}{48}(二差)\left(\frac{d}{D-2d}\right)^2 \\
&\quad + \cdots\cdots
\end{aligned} \quad (62)$$

$D = 10,\ d = 1$ として安島の計算は

$$甲 = 23.2066099, \qquad 4 \cdot 乙 = 10.97098236$$

$$4 \cdot 丙 = 0.90412966, \qquad 4 \cdot 丁 = 0.2379529$$

$$十字環体積 = 甲 + 4\cdot 乙 + 4\cdot 丙 + 4\cdot 丁 = 34.319651449$$

となっているが，小数 5 桁以下の計算は合わない．なお甲は明かに 甲 = 22.2066099 のミスプリントである．(62) は近似式であるが，穿去体積や穿去表面積を求める無限級数に安島の工夫がみられ，この後円理が大きく発展する．

5.4 算法求積通考から

内田久命「算法求積通考」は安島直円，和田寧等の後をうけた円理解法の最も優れた和算書であり，第93問で十字環問題を解いている．

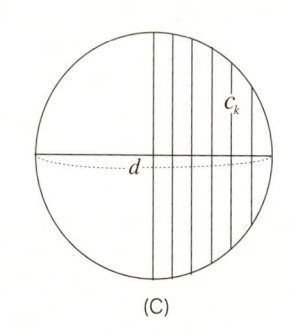

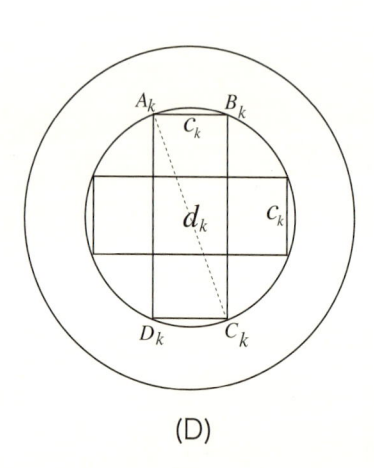

(C)

(D)

円柱の直径 d を $2n$ 等分し，中心から k 番目の弦の長さを c_k とし(図C), c_k を含む水平面での十字環の切り口の内周の直

5　十字環問題

径を d_k とすると (図 D),

$$c_k = d\sqrt{1 - \left(\frac{k}{n}\right)^2}$$

$$d_k = D - d - c_k = (D - d)\left(1 - \frac{c_k}{D-d}\right)$$

円弧 $A_k B_k$, $C_k D_k$ と直線 $A_k D_k$, $B_k C_k$ で囲まれた図形の面積 s_k は

$$s_k = c_k d_k \left\{ 1 - \frac{1}{2\cdot 3}\left(\frac{c_k}{d_k}\right)^2 - \frac{1}{5\cdot 8}\left(\frac{c_k}{d_k}\right)^4 \right.$$
$$\left. - \frac{3}{7\cdot 48}\left(\frac{c_k}{d_k}\right)^6 - \frac{15}{9\cdot 384}\left(\frac{c_k}{d_k}\right)^8 - \cdots \right\}$$

また同心円の間の面積 t_k は

$$t_k = c_k(D-d)\pi$$

よって，切り口十字平環 (図 D) の面積 S_k は

$$S_k = t_k + 2s_k - c_k^2$$

求める十字環体積 V は，積$_k = \dfrac{d}{n}t_k$ とおくとき

$$V = \lim_{n\to\infty} \sum_{k=1}^n 積_k$$

で求まる．積$_k$ から V を求める極限計算を "積$_k$ を畳む" という．

$$積_k = \frac{d}{n}t_k + \frac{2d}{n}s_k - \frac{d}{n}c_k^2$$

ここで第 1 項を畳むと，

$$\sum_{k=1}^\infty \frac{d}{n}t_k = d^2(D-d)\pi \sum_{k=1}^\infty \frac{1}{n}c_k$$

$$
\begin{aligned}
&= d^2(D-d)\pi \times \frac{1}{n}\sum_{k=1}^{\infty}\sqrt{1-\left(\frac{k}{n}\right)^2} \\
&= d^2(D-d)\pi \times \frac{\pi}{4} \\
&= \frac{\pi^2}{4}d^2(D-d) \quad (63)
\end{aligned}
$$

第3項を畳むと，

$$\sum_{k=1}^{\infty}\frac{d}{n}c_k^2 = d^3 \times \frac{1}{n}\sum_{k=1}^{\infty}\left\{1-\left(\frac{k}{n}\right)^2\right\} = \frac{2}{3}d^3 \quad (64)$$

第2項については

$$
\begin{aligned}
&\frac{2d}{n}s_k \\
&= \frac{2d}{n}\left\{c_k(D-d)\left(1-\frac{c_k}{D-d}\right)\right. \\
&\quad - \frac{c_k^3\left(1-\dfrac{c_k}{D-d}\right)^{-1}}{2\cdot 3(D-d)} - \frac{c_k^5\left(1-\dfrac{c_k}{D-d}\right)^{-3}}{5\cdot 8(D-d)^3} \\
&\quad - \left.\frac{3c_k^7\left(1-\dfrac{c_k}{D-d}\right)^{-5}}{7\cdot 48(D-d)^5} - \cdots\cdots\right\} \\
&= \frac{2d}{n}(D-d)\left[c_k - \frac{c_k^2}{D-d} - \frac{c_k^3}{2\cdot 3(D-d)^2}\left\{1\right.\right. \\
&\quad + \left.\frac{c_k}{D-d} + \frac{c_k^2}{(D-d)^2} + \frac{c_k^3}{(D-d)^3} + \frac{c_k^4}{(D-d)^4}\right. \\
&\quad + \left.\cdots\cdots\right\} \\
&\quad - \frac{c_k^5}{5\cdot 8(D-d)^4}\left\{1 + \frac{3c_k}{D-d} + \frac{6c_k^2}{(D-d)^2}\right. \\
&\quad + \left.\frac{10c_k^3}{(D-d)^3} + \frac{15c_k^4}{(D-d)^4} + \cdots\cdots\right\}
\end{aligned}
$$

5　十字環問題

$$
\begin{aligned}
&- \quad \frac{3c_k^7}{7 \cdot 48(D-d)^6} \left\{ 1 + \frac{5c_k}{D-d} + \frac{15c_k^2}{(D-d)^2} \right.\\
&+ \quad \left. \frac{35c_k^3}{(D-d)^3} + \cdots \right\} \\
&- \quad \frac{15c_k^9}{9 \cdot 384(D-d)^8} \left\{ 1 + \frac{7c_k}{D-d} + \frac{32c_k^2}{(D-d)^2} \right.\\
&+ \quad \left. \left. \cdots \right\} \right] \\
&= \quad \frac{2d(D-d)}{n} \left\{ c_k - \frac{c_k^2}{D-d} - \frac{1}{2\cdot 3} \cdot \frac{c_k^3}{(D-d)^2} \right.\\
&- \quad \frac{1}{2 \cdot 3} \cdot \frac{c_k^4}{(D-d)^3} - \left(\frac{1}{2 \cdot 3} + \frac{1}{5 \cdot 8} \right) \frac{c_k^5}{(D-d)^4} \\
&- \quad \left(\frac{1}{2 \cdot 3} + \frac{3}{5 \cdot 8} \right) \frac{c_k^6}{(D-d)^5} \\
&- \quad \left(\frac{1}{2 \cdot 3} + \frac{6}{5 \cdot 8} + \frac{3}{7 \cdot 48} \right) \frac{c_k^7}{(D-d)^6} \\
&- \quad \left(\frac{1}{2 \cdot 3} + \frac{10}{5 \cdot 8} + \frac{15}{7 \cdot 48} \right) \frac{c_k^8}{(D-d)^7} \\
&- \quad \left(\frac{1}{2 \cdot 3} + \frac{15}{5 \cdot 8} + \frac{45}{7 \cdot 48} + \frac{15}{9 \cdot 384} \right) \frac{c_k^9}{(D-d)^8} \\
&- \quad \left. \cdots \right\}
\end{aligned}
$$

これを畳めば

$$
2d(D-d) \left\{ d \cdot \frac{\pi}{4} - \frac{d^2}{D-d} \cdot \frac{2}{3} - \frac{1}{2 \cdot 3} \frac{d^3}{(D-d)^2} \cdot \frac{3}{4} \cdot \frac{\pi}{4} \right.
$$

$$
- \frac{1}{2 \cdot 3} \frac{d^4}{(D-d)^3} \cdot \frac{8}{15} - \left(\frac{1}{2 \cdot 3} + \frac{1}{5 \cdot 8} \right) \frac{d^5}{(D-d)^4} \frac{15}{24} \frac{\pi}{4}
$$

$$
- \left(\frac{1}{2 \cdot 3} + \frac{3}{5 \cdot 8} \right) \frac{d^6}{(D-d)^5} \frac{16}{35}
$$

$$-\left(\frac{1}{2\cdot 3}+\frac{6}{5\cdot 8}+\frac{3}{7\cdot 48}\right)\frac{d^7}{(D-d)^6}\frac{105}{192}\frac{\pi}{4}$$

$$-\left(\frac{1}{2\cdot 3}+\frac{10}{5\cdot 8}+\frac{15}{7\cdot 48}\right)\frac{d^8}{(D-d)^7}\frac{128}{315}$$

$$-\left(\frac{1}{2\cdot 3}+\frac{15}{5\cdot 8}+\frac{45}{7\cdot 48}+\frac{15}{9\cdot 384}\right)\frac{d^9}{(D-d)^8}\frac{945}{1920}\frac{\pi}{4}$$

$$-\quad \cdots\cdots \ \cdots\cdots \ \cdots\cdots \qquad \Bigg\} (65)$$

$(63)-(64)+(65)$ より

$$V=d^2(D-d)\Bigg\{\pi\cdot\frac{\pi}{4}+2\cdot\frac{\pi}{4}-2\left(\frac{d}{D-d}\right)$$

$$-\frac{2}{2\cdot 3}\cdot\frac{3}{4}\left(\frac{d}{D-d}\right)^2\cdot\frac{\pi}{4}$$

$$-\frac{2}{2\cdot 3}\cdot\frac{8}{15}\left(\frac{d}{D-d}\right)^3$$

$$-2\left(\frac{1}{2\cdot 3}+\frac{1}{5\cdot 8}\right)\left(\frac{d}{D-d}\right)^4\frac{15}{24}\frac{\pi}{4}$$

$$-2\left(\frac{1}{2\cdot 3}+\frac{3}{5\cdot 8}\right)\left(\frac{d}{D-d}\right)^5\frac{16}{35}$$

$$-2\left(\frac{1}{2\cdot 3}+\frac{6}{5\cdot 8}+\frac{3}{7\cdot 48}\right)\left(\frac{d}{D-d}\right)^6\frac{105}{192}\frac{\pi}{4}$$

$$-2\left(\frac{1}{2\cdot 3}+\frac{10}{5\cdot 8}+\frac{15}{7\cdot 48}\right)\left(\frac{d}{D-d}\right)^7\frac{128}{315}$$

$$-2\left(\frac{1}{2\cdot 3}+\frac{15}{5\cdot 8}+\frac{45}{7\cdot 48}+\frac{15}{9\cdot 384}\right)\left(\frac{d}{D-d}\right)^8\frac{945}{1920}\frac{\pi}{4}$$

$$-\quad \cdots\cdots \ \cdots\cdots \ \cdots\cdots \qquad \Bigg\} (66)$$

5 十字環問題

なる結果を得ている．『求積通考』はここで終っており数値計算はしていない．

5.5 数値比較

『求積通考』の式 (66) を正しいものとして，それまでの十字環体積の数値計算結果を比較しておく．〈求積通考結果〉の欄は，その本の D, d の値を用いて (66) を計算したものである．

書名	D	d	答	求積通考結果
改算記	11.39	1.52	87.3275	85.8114245741
算法至源記	11.39	1.52	85.1039679	85.8114245741
求積	10	1	34.321019035	34.31973240201
拾璣算法	10	1	34.318800018	34.31973240201
十字環真術	10	1	34.319651449	34.31973240201
算法点竄指南録	10	1	34.2584217557	34.31973240201
宅間流円理	10	1	34.31880001	34.31973240201

(注) 『改算記』と『算法至源記』について：

円周率は 3.16 を使用しているので，求積通考の結果も $\pi = 3.16$ で計算した．問題で与えられた条件は torus の外周 36 と円柱の周長 4.8 であるので $D = 36 \div 3.16 = 11.39$, $d = 4.8 \div 3.16 = 1.52$ とした．

『十字環真術』がかなりよい結果を得ていることがわかる．『改算記』『算法至源記』には求め方は示されていないが『算法至源記』に『改算記』の解法が解説されており，それによると

$$十字環体積 = \frac{\pi d^2}{4}\{(D-d)\pi + 2\pi(D-2d)\}$$

となっている．[14]p.30, [1] 第 1 巻 p.361

これは torus と 2 本の円柱を加えただけである．前田は改算記の方法は間違いだと言っているが，自分の解法は口伝としている．

参考文献

[1] 明治前日本数学史, 日本学士院編, 岩波書店, 1979

[2] 和田秀男：高速乗算法と素数判定法, 上智大学数学講究録 No.15, 1984

[3] 平山諦, 下平和夫, 広瀬秀雄編：関孝和全集, 大阪教育図書, 1974

[4] 竹之内脩, 關孝和の垜積術について, 和算研究所紀要 No.1, 1998

[5] 竹之内脩, 關孝和の垜積術について (2), 和算研究所紀要 No.7, 2007

[6] 竹之内脩, 関孝和の数学, 共立出版, 2008

[7] 上野健爾, 小川束, 小林龍彦, 佐藤賢一, 関孝和論序説, 岩波書店, 2008

[8] 下平和夫, 関孝和―江戸の世界的数学者の足跡と偉業―, 研成社, 2006

[9] 小川束, 関孝和『発微算法』―現代語訳と解説―, 大空社, 1994

[10] 王青翔,「算木」を超えた男, 東洋書店, 1999

[11] 杉本敏夫, 解読関孝和, 海鳴社, 2008

[12] 加藤平左ェ門, 算聖関孝和の業績, 槙書店, 1972

[13] 平山諦, 関孝和, 恒星社厚生閣, 1960

[14] 加藤平左ェ門，安島直円の業績，名城大学理工学部数学教室，1971

[15] 吉田光由，大矢真一校注，塵劫記，岩波文庫，1977

[16] 会田安明『算法貫通術』山形大学佐久間文庫
http://repo.lib.yamagat-au.ac.jp/handle/123456789/3325

[17] 『宅間流円理』東京大学藏版

[18] 『括要算法』(筆者蔵)
http://www.wasan.earth.linkclub.com/katuyo/katuyo.html

[19] 『発微算法』(筆者蔵)
http://www.wasan.earth.linkclub.com/hatubi/hatubi.html

[20] 『算法求積通考』(筆者蔵)
http://www.wasan.earth.linkclub.com/archive/kyuseki1.pdf

附録

A　円理乾坤之巻

$\sqrt{1-h}$ を級数展開することを"平方綴術に開く"という．『円理乾坤之巻』は作者も年記もない書物であるが，松永良弼の頃の完成で，関流の秘伝とされていたものである．その中から $\sqrt{1-h}$ を無限級数に展開する方法を示す．直径 1 の円で $CD = 矢 = h$ のとき $EF = x$ とすると，$CB = \sqrt{h}$ で径矢弦の術[3]より $4x(1-x) = h$

$$\therefore \quad x^2 - x + \frac{h}{4} = 0$$

この解を組立除法 (ホーナー法) で求めていく．

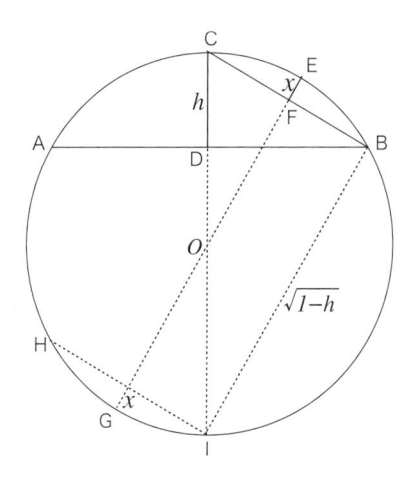

---

[3] $EF \cdot FG = FB^2$ の関係を和算では径矢弦の術という．

廉	法	実	商
1	-1	$\dfrac{h}{4}$	$\dfrac{h}{4}$
	$\dfrac{h}{4}$	$\dfrac{h^2}{16}-\dfrac{h}{4}$	
1	$-1+\dfrac{h}{4}$	$\dfrac{h^2}{16}$	
	$\dfrac{h}{4}$		
1	$-1+\dfrac{h}{2}$	$\dfrac{h^2}{16}$	$\dfrac{h^2}{16}$
	$\dfrac{h^2}{16}$	$\dfrac{h^4}{256}+\dfrac{h^3}{32}-\dfrac{h^2}{16}$	
1	$\dfrac{h^2}{16}+\dfrac{h}{2}-1$	$\dfrac{h^4}{256}+\dfrac{h^3}{32}$	
	$\dfrac{h^2}{16}$		
1	$\dfrac{h^2}{8}+\dfrac{h}{2}-1$	$\dfrac{h^4}{256}+\dfrac{h^3}{32}$	$\dfrac{h^3}{32}$
	$\dfrac{h^3}{32}$	$\dfrac{h^6}{1024}+\dfrac{h^5}{256}+\dfrac{h^4}{64}-\dfrac{h^3}{32}$	
1	$\dfrac{h^3}{32}+\dfrac{h^2}{8}+\dfrac{h}{2}-1$	$\dfrac{h^6}{1024}+\dfrac{h^5}{256}+\dfrac{5h^4}{256}$	
	$\dfrac{h^3}{32}$		
1	$\dfrac{h^3}{16}+\dfrac{h^2}{8}+\dfrac{h}{2}-1$	$\dfrac{h^6}{1024}+\dfrac{h^5}{256}+\dfrac{5h^4}{256}$	$\dfrac{5h^4}{256}$

ここで，廉は x^2 の係数，法は x の係数，実は定数項を表す．

これより

$$x=\frac{1}{4}h+\frac{1}{16}h^2+\frac{1}{32}h^3+\frac{5}{256}h^4+\frac{7}{512}h^5+\cdots$$

従って，

$$\sqrt{1-h}=1-2x$$
$$=1-\frac{1}{2}h-\frac{1}{8}h^2-\frac{1}{16}h^3-\frac{5}{128}h^4-\frac{7}{256}h^5-\cdots$$

B 円周率の級数展開

B.1 其一

関孝和の孫弟子にあたる松永良弼(1692〜1744)が書いた『方円算経』(1739 年) には次のような円周率が示されている．

$$\pi = 3\left(1 + \frac{1}{4\cdot 3!} + \frac{3^2}{4^2\cdot 5!} + \frac{3^2\cdot 5^2}{4^3\cdot 7!} + \cdots\right) \cdots ①$$

『方円算経』ではこの式によって，円周率を 50 位まで正しく計算している．求め方は書かれていないが，後世の釋忍澄著『弧矢弦叩底』(1818 年) で次のように説明されている．

直径を d，矢 (CG) を h，弦 (AB) を c，弧背 (円弧 AB) を s とし，弧 AB の中点を C，弧 CB の中点を E，弧 EC の中点を F，… とする．

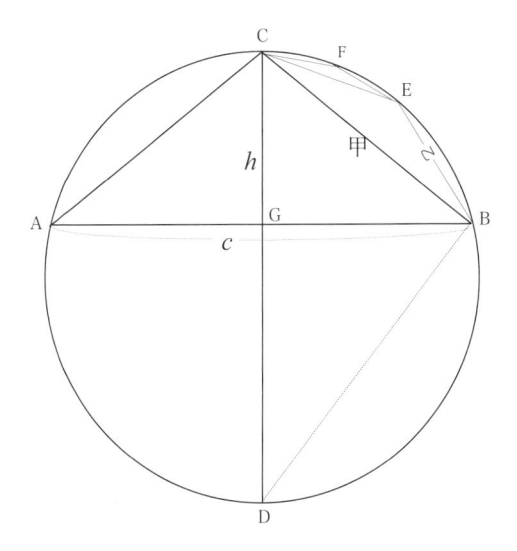

甲 $= CB$ とすると $h = \dfrac{\text{甲}^2}{d}$ で,『乾坤之巻』のときと同様に径矢弦の術を使って

$$\frac{\text{甲}^2}{d}\left(d - \frac{\text{甲}^2}{d}\right) = \frac{c^2}{4}$$

となり,甲$^2 = x_1$ とすると

$$x_1^2 - d^2 x_1 + \frac{c^2 d^2}{4} = 0$$

これを組立除法で解くと

$$x_1 = \frac{c^2}{4} + \frac{c^4}{16 d^2} + \frac{c^6}{32 d^4} + \frac{5 c^8}{256 d^6}$$

同様に $EB^2 = $ 乙$^2 = x_2$ とおくと

$$x_2^2 - d^2 x_2 + \frac{x_1 d^2}{4} = 0$$

これを x_2 について解き,上記 x_1 を代入すると

$$x_2 = \frac{c^2}{16} + \frac{5}{256} \cdot \frac{c^4}{d^2} + \frac{21}{2048} \cdot \frac{c^6}{d^4} + \frac{429}{65536} \cdot \frac{c^8}{d^6}$$

同様に $EF^2 = \overline{\text{丙}}^2 = x_3$ として $x_3 - d^2 x_3 + \dfrac{x_2^2 d^2}{4} = 0$ より

$$x_3 = \frac{c^2}{64} + \frac{21}{4096} \cdot \frac{c^4}{d^2} + \frac{357}{131072} \cdot \frac{c^6}{d^4} + \frac{29325}{16777216} \cdot \frac{c^8}{d^6}$$

すなわち

$$4 x_1 = c^2 + \frac{1}{4} \cdot \frac{c^4}{d^2} + \frac{1}{8} \cdot \frac{c^6}{d^4} + \frac{5}{65} \cdot \frac{c^8}{d^6}$$

$$16 x_2 = c^2 + \frac{5}{16} \cdot \frac{c^4}{d^2} + \frac{21}{128} \cdot \frac{c^6}{d^4} + \frac{429}{4096} \cdot \frac{c^8}{d^6}$$

B 円周率の級数展開

$$64x_3 = c^2 + \frac{21}{64} \cdot \frac{c^4}{d^2} + \frac{357}{2048} \cdot \frac{c^6}{d^4} + \frac{29325}{262144} \cdot \frac{c^8}{d^6}$$

ここで

$\dfrac{c^4}{d^2}$ の係数は $0.25, 0.3125, 0.328125, \cdots\cdots \to \dfrac{1}{3}$

$\dfrac{c^6}{d^4}$ の係数は $0.125, 0.1640, 0.1743, \cdots\cdots \to \dfrac{8}{45}$

$\dfrac{c^8}{d^6}$ の係数は $0.078125, 0.1047, 0.11186, \cdots\cdots \to \dfrac{4}{35}$

かくして

$$s^2 = c^2 + \frac{1}{3} \cdot \frac{c^4}{d^2} + \frac{8}{45} \cdot \frac{c^6}{d^4} + \frac{4}{35} \cdot \frac{c^8}{d^6} + \frac{128}{25 \cdot 63} \cdot \frac{c^{10}}{d^8}$$
$$+ \frac{128}{33 \cdot 63} \cdot \frac{c^{12}}{d^{10}}$$

これを平方に開き

$$s = c + \frac{1}{2 \cdot 3} \cdot \frac{c^3}{d^2} + \frac{3^2}{8 \cdot 15} \cdot \frac{c^5}{d^4} + \frac{3^2 \cdot 5^2}{48 \cdot 105} \frac{c^7}{d^6} + \cdots\cdots$$

ここで $d = 2, c = 1$ とすると $s = \dfrac{\pi}{3}$ だから

$$\begin{aligned}\frac{\pi}{3} &= 1 + \frac{1}{2 \cdot 3 \cdot 4} + \frac{3^2}{8 \cdot 15 \cdot 4^2} + \frac{3^2 \cdot 5^2}{48 \cdot 105 \cdot 4^3} + \cdots\cdots \\ &= 1 + \frac{1}{4 \cdot 3!} + \frac{3^2}{4^2 \cdot 5!} + \frac{3^2 \cdot 5^2}{4^3 \cdot 7!} + \cdots\cdots\end{aligned}$$

となり ① が得られる.

B.2 其二

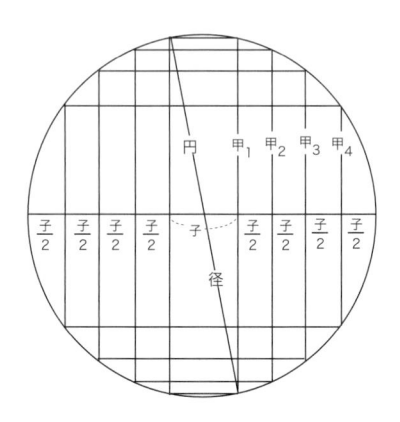

直径を n 等分し, $\dfrac{径}{n} = 子$, $\dfrac{k}{n} = 天$, 直径に垂直な弦の長さを図のように 甲$_1$, 甲$_2$, $\cdots$ とする.

$$甲_k = 径\sqrt{1 - \left(\dfrac{k}{n}\right)^2} = 径\sqrt{1 - 天^2}$$

これを平方綴術により開き

$$甲_k = 径\left\{1 - \dfrac{1}{2}天^2 - \dfrac{1}{2\cdot 4}天^4 - \dfrac{1\cdot 3}{2\cdot 4\cdot 6}天^6 - \dfrac{1\cdot 3\cdot 5}{2\cdot 4\cdot 6\cdot 8}天^8 - \cdots\right\}$$

ここで

$$積_k = 子\cdot 甲_k = \dfrac{径^2}{n}\left\{1 - \dfrac{1}{2}天^2 - \dfrac{1}{2\cdot 4}天^4 - \dfrac{1\cdot 3}{2\cdot 4\cdot 6}天^6 - \cdots\right\}$$

とすると

$$\lim_{n\to\infty}\sum_{k=1}^{n}積_k = 円の面積 = \dfrac{\pi}{4}径^2$$

になることから、これを畳むと

$$\frac{\pi}{4} = 1 - \frac{1}{2\cdot 3} - \frac{1}{2\cdot 4\cdot 5} - \frac{1\cdot 3}{2\cdot 4\cdot 6\cdot 7}$$
$$- \frac{1\cdot 3\cdot 5}{2\cdot 4\cdot 6\cdot 8\cdot 9} - \cdots \quad ②$$

和算では $\frac{\pi}{4}$ を円積率という.

B.3 其三

$\sqrt{1-x}$ を平方綴術に開き, $x=1$ とおくと
$$1 - \frac{1}{2} - \frac{1}{2\cdot 4} - \frac{1\cdot 3}{2\cdot 4\cdot 6} - \frac{1\cdot 3\cdot 5}{2\cdot 4\cdot 6\cdot 8} - \cdots = 0$$

故に
$$1 - \frac{1}{2} - \frac{1}{2\cdot 4} - \frac{1\cdot 3}{2\cdot 4\cdot 6} - \frac{1\cdot 3\cdot 5}{2\cdot 4\cdot 6\cdot 8} - \cdots$$
$$-1 + \frac{1}{2} + \frac{1}{2\cdot 4} + \frac{1\cdot 3}{2\cdot 4\cdot 6} + \cdots = 0$$

$$1 - \left(\frac{1}{2} + 1\right) + \left(-\frac{1}{2\cdot 4} + \frac{1}{2}\right) + \left(-\frac{1\cdot 3}{2\cdot 4\cdot 6} + \frac{1}{2\cdot 4}\right) + \cdots = 0$$

すなわち
$$1 - \frac{3}{2} + \frac{3}{2\cdot 4} + \frac{3}{2\cdot 4\cdot 6} + \frac{3\cdot 3}{2\cdot 4\cdot 6\cdot 8} + \frac{3\cdot 3\cdot 5}{2\cdot 4\cdot 6\cdot 8\cdot 10}$$
$$+ \cdots = 0 \quad ③$$

② − ③ より
$$\frac{\pi}{4} = 1 - \frac{1}{2\cdot 3} - \frac{1}{2\cdot 4\cdot 5} - \frac{1\cdot 3}{2\cdot 4\cdot 6\cdot 7} - \frac{1\cdot 3\cdot 5}{2\cdot 4\cdot 6\cdot 8\cdot 9} - \cdots$$
$$-1 + \frac{3}{2} - \frac{3}{2\cdot 4} - \frac{3}{2\cdot 4\cdot 6} - \frac{3\cdot 3}{2\cdot 4\cdot 6\cdot 8} - \frac{3\cdot 3\cdot 5}{2\cdot 4\cdot 6\cdot 8\cdot 10}$$
$$-\cdots$$

すなわち

$$\frac{\pi}{4} = \frac{4}{3} - \frac{4}{2 \cdot 5} - \frac{4}{2 \cdot 4 \cdot 7} - \frac{4 \cdot 3}{2 \cdot 4 \cdot 6 \cdot 9} - \frac{4 \cdot 3 \cdot 5}{2 \cdot 4 \cdot 6 \cdot 8 \cdot 11} - \cdots$$

C 交商式

関孝和は『開方翻変之法』で正と負の解をもつ方程式を交商式とよんでいるが，後には異なった意味で使われるようになった．すなわち，正負にかかわらず解が多く存在する場合を交商といい，題意に合わない解を変商という．下図において甲と乙が与えられたとき，大を求める式は

$$(甲 - 乙)^2 大^2 - 2 甲乙 (甲 + 乙) 大 + 甲^2 乙^2 = 0 \cdots ①$$

同じく小を求める式は

$$(甲 - 乙)^2 小^2 - 2 甲乙 (甲 + 乙) 小 + 甲^2 乙^2 = 0 \cdots ②$$

で同一の方程式になる．① の変商が小で，② の変商が大である．よって，

$$大 + 小 = \frac{2 甲乙 (甲 + 乙)}{(甲 - 乙)^2}$$

$$大小 = \frac{甲^2 乙^2}{(甲 - 乙)^2}$$

これより

$$甲乙 (大 + 小) - 2(甲 + 乙) 大小 = 0 \cdots ③$$

この ③ が 4.5 角中径の応用 $\boxed{5}$ の (11) に相当するものである．現代の〈解と係数の関係〉にあたる．

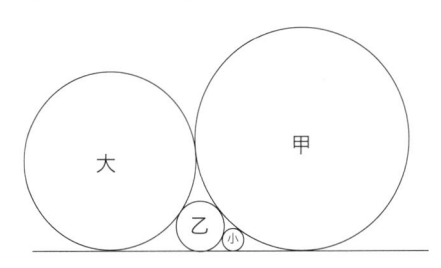

D 十字環問題補足

十字環問題について，本文では安島直円の術解を中心に書いたが，『求積』に見える関自身の解法と思えるものをもう少し補足しておこう．まず下図のように甲乙丙丁戊の5つに分ける．甲乙丙は安島と同じであるが，丁の部分は『求積』では丁と戊に分けている．

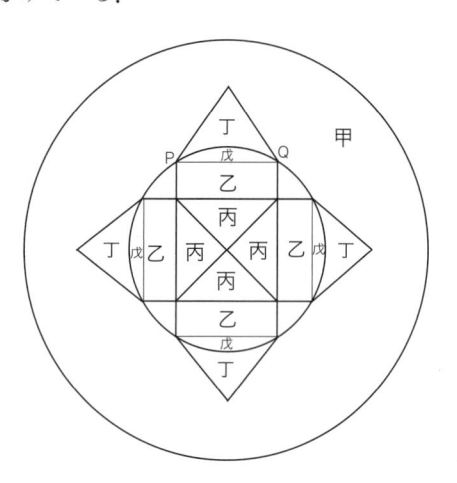

(伊) 丁の体積
丁の部分は近似的に，丙積から円柱斜截の形を引いたものと見なす．即ち，

$$丁 = \left(\frac{\pi}{8} - \frac{1}{6}\right)d^3 - \frac{d^2}{6} \times 小背$$

ここで，円柱斜截とは (A) の小背を直線に延ばして (B) のようにしたものである．(B) の体積は $\dfrac{d^2}{6} \times 小背$ である．

(A)

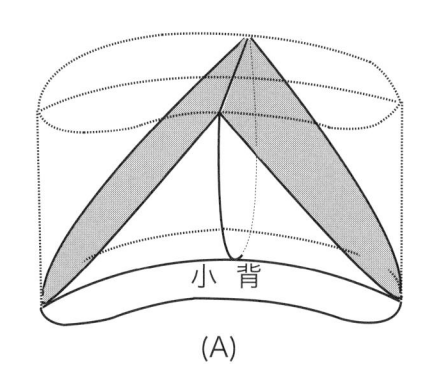

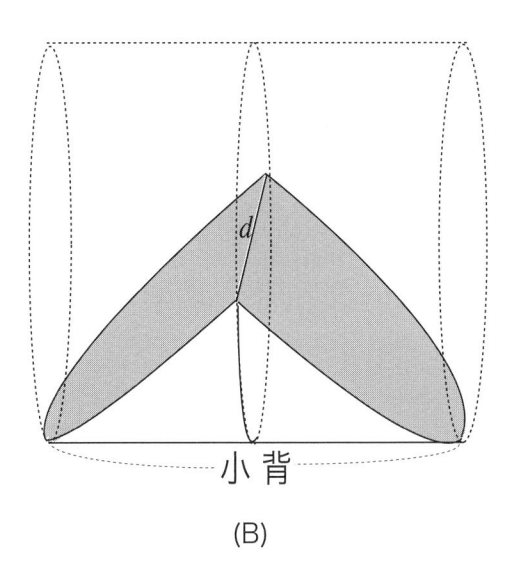

(B)

(呂) 戊の体積

戊は (C) のような形になる．すなわち，直径 D の円柱に直径 d の円柱を穿去したときに，PQVU の体積および PQSU と PQTV の体積を併せたものが戊である．弓形 PQR の面積を

K とすると, $PQVU = \dfrac{d}{h}\left\{\dfrac{d^3}{6} - K(D-2d-2h)\right\}$, また $PQSU = PQTV = \dfrac{d^2}{6}h$ だから （h は弦 PQ に対する矢）

$$戊 = \dfrac{d}{h}\left\{\dfrac{d^3}{6} - K(D-2d-2h)\right\} + \dfrac{d^2}{3}h$$

となる.

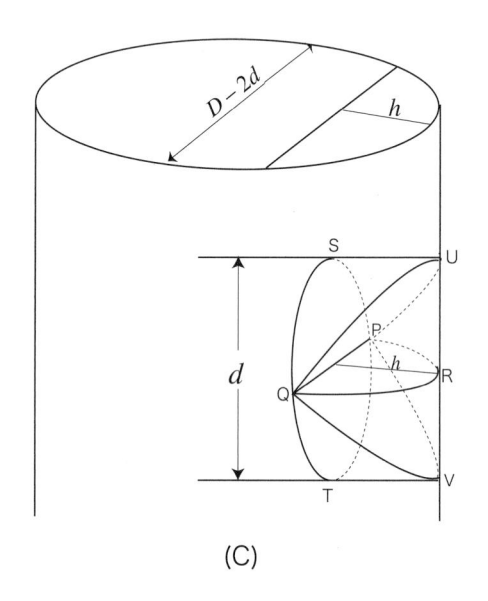

(C)

跋文

夫數者六藝之一術也．六藝トハ何ソ所謂禮樂射御書數也．夫數顯陰陽造化之消息，審聖教六藝之該通也．夫氣運之籌數其理温奧而難明矣．吾關夫子，以天縱之才，究天地自然之實理，發明諸術，以傳後世．今日籌法之密且精，盖夫子之有造也．夫子世呼稱算聖．嗚呼天下有志于數理者此編以思之思之不已則當有冥助耳．予辱先師諄誨，勵愚多年，近者就彼諸書問題注記鄙見，著為一書名曰関孝和之数学．庶幾有裨益幼學．雖然斯道廣且大也．豈予幺麼之資襪線之才所能得焉而竭哉．尚後来博洽君子，莫吝補予缺漏則孔幸．孰大於此焉．嗚呼後生由是書學焉，則彼數之在天地者，將至究其薀奧，亦不難也，余深喜斯道之明，日盛一日云爾．

　　　　　　　　　　　　　　于時平成廿五癸巳歳睦月
　　　　　　　　　　　　　　大和國住人福田理軒謹識

謝辞：

本書執筆を勧めてくださった現代数学社 富田淳氏にはいろいろとお世話になりました．深く感謝申し上げます．また，本書はすべて LaTeX による組版ですが，四六版用のスタイルファイルは徳島大学 高橋浩樹先生に提供していただきました．最後になりましたが，謝意を表します．

索 引

Ars Conjectandi　92

Bernoulli 数　66, 91, 96, 98

Jakob Bernoulli　92

Vandermonde　17

■あ行
会田の定理　132
会田安明　24, 112
阿座見俊次　87
安島直円　143, 150
荒木村英　66
有馬頼徸　143

池田昌意　18
井関知辰　17
礒村吉徳　62
遺題　5, 141
遺題継承　141
一遍約周冪　82
今井兼庭　24

内田久命　143, 150
内田秀富　87

榎並和澄　140

円環体 (torus)　141
円周率　66, 73
円積率　165
円中三原適等　63
円柱穿空円術　144
円柱穿空円術起源　145
円方四巻記　142
円理乾坤之巻　159

大橋由昌　66

■か行
解隠題之法　12
解見題之法　12
階差　78
改算記　141, 142, 155
解と係数の関係　167
解伏題之法　12
開方翻変之法　167
外余寸　6
角術　66
角中径　99, 111, 129
括要算法　66, 89–91, 93, 98, 99
鎌田俊清　87
換式　14

九章算術　147

索引

級数展開　159
求積　143, 155
夾積　149
行列式　12

組立除法　100, 159, 162

圭衰垛積　92
圭垛積　92
径矢弦の術　159
研幾算法　18
研幾算法演段諺解　19, 24
限数　93
元積　93

鈎股弦の術　7
交式斜乗法　16
交商式　120, 167
古今算法記　5, 142
五乗方垛積　92
弧矢弦叩底　161

■さ行
最上流　24
再乗衰垛積　92
坂部廣胖　143
佐治一平　18
佐藤正興　5
沢口一之　5, 142
三角衰垛積　92
三較連乗　138

三原適等　20, 25
三乗衰垛積　92
三乗方垛積　92
算爼　77
三部抄　12
三遍約周冪　83
算法貫通術　24, 112
算法求積通考　143, 150, 155
算法闕疑抄　62, 142
算法根源記　5, 142
算法至源記　141, 142, 155
算法点竄指南録　87, 143, 155
算法天生法指南　63
算法発揮　17, 24
算法発蒙集　142
算法勿憚改　77
参両録　140–142

軸積　144
七乗冪演式　17
実　160
釋忍澄　161
拾璣算法　143, 155
終結式　14
終結術　16, 24
十字環真術　143, 155
十字環問題　140, 141, 150
術文　5
剰一術　66, 67, 71

秦九韶　73
塵劫記　71, 141, 142

衰垜術　91
衰垜積　92
数学乗除往来　18
数学入門　18
数書九章　73

正弦定理　20, 62
翦管術　68, 69, 71, 73

双股弦の術　20, 24, 62, 64, 119
増約術　78, 81, 82, 86, 87, 90
孫子算経　71

■た行
大衍求一術　73
第三術定積　95
第二術定積　94
第四術定積　95
高橋至時　87
宅間能清　87
宅間流円理　87, 143, 155
建部賢弘　5, 18, 81
垜積術　91
畳む　151

逐式交乗　16

中国剰余定理　70

底子　92
定積　93
綴術算経　81, 87
天元術　5

等比数列　78
取数　96, 98
トレミーの定理　61

■な行
中根元圭　17

二項係数　96
二十八宿　101
二遍約周冪　82

■は行
八遍約周冪　83
発微算法　5, 9, 142
発微算法演段諺解　5

百五減算　69, 70

平中径　99
平方垜積　92
平方綴術に開く　159
ヘロンの公式　138
変商　167

法　160

索 引

方円算経　161
方垜積　92
方面　9

■ま行
前田憲舒　141
松岡能一　87
松永良弼　63, 159, 161

宮城清行　16

村瀬義益　77
松村茂清　77

明玄算法　24

■や行
山田正重　141

ユークリッドの互除法　67

楊輝算法　73
余弦定理　20, 62, 119
吉田光由　141
四乗方垜積　92

■ら行
立法垜積　92

累裁招差法　91, 93

廉　160

■わ行
和漢算法大成　16
和田寧　150

著者紹介：

小寺　裕（こてら・ひろし）

1948年大阪市天王寺区生まれ．信州大学理学部数学科卒業．
東大寺学園中・高等学校教諭を長く勤める．
現在，日本数学史学会運営委員長．
2006年に二代目福田理軒を襲名．全国の算額調査を鋭意続行中．

著書に『だから楽しい江戸の算額』（研成社/2007）
『和算書「算法少女」を読む』（ちくま学芸文庫/2009）
『江戸の数学 和算』（技術評論社/2010）
『ススメ！算法少年少女──たのしい和算ワールド』（みくに出版/2013）
などがある．

双書⑩・大数学者の数学／関孝和

算聖の数学思潮

2013年10月24日　初版1刷発行

著　者　　小寺　裕
発行者　　富田　淳
発行所　　株式会社　現代数学社
〒606-8425　京都市左京区鹿ヶ谷西寺ノ前町1
TEL&FAX 075 (751) 0727　振替 01010-8-11144
http://www.gensu.co.jp/

検印省略

ⓒ Hiroshi Kotera, 2013
Printed in Japan

印刷・製本　　亜細亜印刷株式会社

ISBN 978-4-7687-0430-1　　落丁・乱丁はお取替え致します．